楼宇智能化技术

主　编　周　玲
副主编　李　婷　满高华　钟上升
参　编　甘　雪

U0190747

重庆大学出版社

内容提要

本书是根据教育部对高职高专教育的教学基本要求编写的全国高职高专建筑类专业规划教材。教材从职业教育的特点和高职学生的知识结构出发，运用先进的职业教育理念，用项目化的方式及"理实一体化"教学模式编写。全书共有智能建筑的认知、智能建筑的相关技术、智能建筑楼宇设备自动化系统、智能小区系统、楼宇设备自动化系统工程的实施五个大项目。主要内容包括：智能建筑的发展及功能，楼宇自控技术，楼宇安全防范技术，火灾报警与联动控制技术以及综合布线系统等在智能建筑中的应用，并着重分析楼宇自动化技术的应用特点、工程案例以及系统集成等方法。

本书可作为电子测控技术、电子节能工程技术、机电应用技术、楼宇自动化技术和建筑工程技术专业高职、高专教材，同时也适用于计算机网络技术专业、自动化类专业和网络通信专业的教学用书及网络综合布线技术培训教材，还可作为网络综合布线行业、建筑智能化行业、安全技术防范行业设计、施工和管理等专业技术人员的参考用书。

图书在版编目(CIP)数据

楼宇智能化技术/周玲主编. —重庆：重庆大学出版社，2014.1(2023.1 重印)
高职高专建筑工程技术专业系列规划教材
ISBN 978-7-5624-7787-7

Ⅰ.①楼… Ⅱ.①周… Ⅲ.①智能化建筑—自动化技术—高等职业教育—教材 Ⅳ.①TU855

中国版本图书馆 CIP 数据核字(2013)第 266004 号

楼宇智能化技术

主 编 周 玲
副主编 李 婷 满高华 钟上升
参 编 甘 雪
策划编辑：彭 宁

责任编辑：文 鹏 版式设计：彭 宁
责任校对：秦巴达 责任印制：张 策

*

重庆大学出版社出版发行
出版人：饶帮华
社址：重庆市沙坪坝区大学城西路 21 号
邮编：401331
电话：(023) 88617190 88617185(中小学)
传真：(023) 88617186 88617166
网址：http://www.cqup.com.cn
邮箱：fxk@ cqup.com.cn (营销中心)
全国新华书店经销
POD：重庆新生代彩印技术有限公司

*

开本：787mm×1092mm 1/16 印张：15 字数：374 千
2014 年 1 月第 1 版 2023 年 1 月第 2 次印刷
ISBN 978-7-5624-7787-7 定价：45.00 元

前 言

智能建筑是融合了建筑技术、计算机技术、信息技术和自动控制技术的现代新型建筑,具有强大的生命力和非常好的发展势头。智能建筑为建筑行业带来了强大的发展空间和技术革命,我国智能建筑发展虽然只有短短的十多年时间,而发展速度却令世界瞩目。未来一个阶段,建筑智能化技术人才和日常管理维护人才将是社会紧缺人才。为了更加适应现代化建设发展的步伐,满足应用型人才培训和学习的需要,编著本书。

本书纳入了较多密切联系工程实际的案例与思考题,每个项目后都有实践学习内容,有利于培养学生解决实际问题的能力,使学生既能牢固掌握理论知识,又能在实践中灵活应用,达到"授之以渔"的教学目的。

本书由高职高专学校老师和企业专家共同编写,重点介绍了智能建筑所需的基本理论和先进、成熟、实用的相关工程技术,具有很强的实用性;紧跟行业和市场发展动态,将新技术和新标准及时纳入教材;揭示楼宇智能化工程的复杂性和技术内在的系统性关系;将编者丰富的教学经验结合到教材中,体现了教材特色。

本书由广西机电职业技术职业技术学院周玲教授任主编,李婷、满高华、钟上升任副主编,周玲制订了编写大纲,撰写了前言和绪论,编写了项目1、项目3中的任务7、任务8和项目4中任务导入和任务1、任务2,并对全书进行了统稿。李婷编写了项目2、项目3的相关技能、项目5中任务1、任务2、任务3;满高华编写了项目3中的任务1至任务6,项目4中的任务3、任务4。钟上升编写了项目1、项目5中任务4、任务5。本书在编写过程中得到了甘雪老师和李月德、冯永成、区禄萍等同学的协助,在此表示衷心感谢!

本书在编写过程中参考了大量的文献资料,在此向各文献的编著者表示感谢!

为方便教学,本书配有电子课件,供选用本书为教材的老师参考,需要者可免费下载。

由于编者水平有限,书中疏漏和错误在所难免,恳请各位读者批评指正。

编　者
2013 年 7 月

目录

项目 **1**
智能建筑的认知

任务导入

1984 年 1 月,由美国联合技术公司 United Technology Corp,UTC 的一家子公司——联合技术建筑系统公司,在美国康涅狄格州的哈特福德市改建了一幢旧金融大厦,称为都市大厦(City Place)。改建后的都市大厦里增添了计算机、数字程控交换机通信、文字处理、电子邮件传递、市场行情查询、情报资料检索、科学计算等服务,将传统建筑与新兴信息技术相结合,以当时最先进的技术实现了大厦内的暖通、给排水、消防联动、保安、供配电、照明、交通等系统的自动化综合管理,实现了舒适性、安全性的办公环境,并具有高效、经济的特点,使大厦功能发生质的飞跃 h,从此诞生了世界上公认的第一座智能建筑(Intelligent Building)。

1985 年 8 月,日本建造的东京青山大楼具有建筑的综合服务功能,采用了门禁管理系统、电子邮件等办公自动化系统、安全防火系统、防灾系统、节能系统等,建筑少有柱子和隔墙,用户可以自由分隔,以便于满足各种商业用途。

美国和日本最早的智能楼宇勾画了日后兴起的智能建筑的基本特征,计算机技术、控制技术、通信技术在建筑物中的应用,造就了新一代的建筑——智能建筑。

任务 1.1 智能建筑的形成与展望

1.1.1 智能建筑的发展历史

人类文明在经历了漫长的农业化社会和 200 多年的工业化社会之后,在 20 世纪中叶开始向以计算机为主要标志的信息化社会转变,这种转变随着微型机的迅速普及而加快速度。人类社会正处于从工业化社会向信息化社会过渡的变革。

人们对建筑在信息交换、安全性、舒适性、便利性和节能性等诸多方面提出了更高要求。除了对建筑物造型的美观、结构的稳定、内部空间划分的合理性等传统的建造要求外,人们对建筑在信息交换、安全性、舒适性、便利性和节能性等诸多方面提出更高要求。建筑物现代化功能的扩展主要通过建筑物内置的越来越多的基于高新技术的计算机网络、通信、自动控制等现代化建筑设备来实现,集中反映到建筑观念和建筑实践中,一种能够满足社会信息化发展和生活工作水平提高需要的新型建筑——智能建筑应运而生。

世界上公认的第一座智能建筑是 1984 年由美国联合技术建筑系统公司在美国康涅狄格州的哈特福德市所改建完成的都市大厦。该大楼以当时最先进的技术来控制空调设备、照明设备、防灾和防盗系统、电梯设备、通信和办公自动化等。大楼的用户可以获得语音、文字、数据等各类信息服务,而大楼内的空调、供水、防火防盗、供配电系统均为计算机控制,实现了自动化综合管理,既实现舒适性、安全性的办公环境,又具有高效、经济的特点。

1)国外智能建筑的发展

美国第一座智能大厦诞生后,智能建筑在世界范围蓬勃发展。据不完全统计,美国新建和改造的办公楼约 70% 为智能建筑,智能建筑总数超过万座。日本从 1985 年起开始建设智能大厦,并制订了从智能设备、智能家庭到智能建筑、智能城市的发展计划,成立了"建设省国家智能建筑专业委员会"及"日本智能建筑研究会",在许多大城市建设了"智能化街区"和"智能化群楼",新建的建筑中有 80% 以上为智能化建筑。新加坡政府为推广智能建筑,拨巨资进行专项研究,计划将新加坡建成"智能城市花园"。印度也于 1995 年起在加尔各答的盐湖开始建设"智能城"。韩国准备将其半岛建成"智能岛"。其他国家如法国、瑞典、英国、泰国、德国等也不断兴建智能建筑。

2)我国智能建筑的发展

中国建筑智能化的发展历程经历了起始阶段、普及阶段和发展阶段。

(1)起始阶段

①我国建筑智能化的研究始于 1986 年。国家"七五"重点科技攻关项目中就将"智能化办公大楼可行性研究"列为其中之一。

②1990 年建成的北京发展大厦(18 层)可认为是我国智能建筑的雏形。北京发展大厦已经开始采用 3A 系统(建筑设备自动化系统,通信网络系统,办公自动化系统),但不完善,3 个子系统没有实现统一控制。

③1993 年建成的位于广州市的广东国际大厦可称为我国内地首座智能化商务大厦。它具有较完善的 3A 系统及高效的国际金融信息网络,还能提供舒适的办公与居住环境。

该阶段,中国建筑智能化普及程度不高,主要是产品供应商、设计单位以及业内专家推动建筑智能化的发展。

(2)普及阶段

在 20 世纪 90 年代中期房地产开发热潮中,房地产开发商在还没有完全弄清智能建筑内涵的时候,发现了智能建筑这个标签的商业价值,于是"智能建筑""5A 建筑",甚至"7A 建筑"的名词出现在他们促销广告中。在这种情况下,智能建筑迅速在中国推广起来,在 20 世纪 90 年代后期沿海一带新建的高层建筑几乎全都自称是智能建筑,并迅速向西部扩展。这一阶段把综合布线技术引入并误解为智能建筑的主要内容,在建筑内部为语音和数据的传输提供了一个开放的平台,加强了信息技术与建筑功能的结合,对智能建筑的发展和普及产生了一定的推动作用。

这一时期,政府和有关部门开始重视智能建筑的规范,加强了对建筑智能化系统的管理。建设部、信息产业部、公安部等部门出台了一系列标准与管理办法。

（3）发展阶段

根据我国人群多集中居住于小区的特点,20 世纪末在中国开展的智能住宅小区的建设成为中国智能建筑的特色之一。在住宅小区应用信息技术,主要是为住户提供先进的管理手段、安全的居住环境和便捷的通信娱乐工具。在经历了房型、绿化环境、生态环境的发展之后,随着信息科技技术的迅速发展,智能化住宅小区逐渐发展成熟。

建设部 2000 年 10 月发布《智能建筑设计标准》,并于 2006 年修改完善(《智能建筑设计标准》GB 50314—2006);2001 年,"城市规划、建设与管理数字化工程"列入国家"十五"科技攻关重点项目计划;2003 年,国家发布了 GB 50339—2003《智能建筑工程质量验收规范》等。

1.1.2　智能建筑展望

1)建筑智能化技术与绿色生态建筑的结合

绿色建筑是综合运用当代建筑学、生态学及其他技术科学的成果,把住宅建造成一个小型生态系统,为居住者提供生机盎然、自然气息浓厚、方便舒适并节省能源、没有污染的居住环境,又可称为可持续发展建筑、生态建筑、回归大自然建筑、节能环保建筑。绿色生态技术是指这种建筑能够在不损害生态环境的前提下,提高人们的生活质量及当代与后代的环境质量,"绿色"的本质是物质系统的首尾相接、无废无污、高效和谐、开放式闭合性良性循环。在生态建筑中,可通过采用智能化系统来监控环境的空气、水、土的温度、湿度,自动通风、加湿、喷灌,监控管理"三废"(废水、废气、废渣)的处理等,并实现节能。

2)建筑智能化材料与建筑智能化结构的发展

当前智能建筑的"智能"是通过建筑设备的智能化——各种建筑设备智能化系统来实现的。智能建筑的"智能"还体现在智能化的建筑材料、智能化的建筑结构等方面。

①自修复混凝土的应用。在提高建筑结构安全度方面,可采用自修复混凝土。当结构构件出现超过允许度裂缝时,混凝土的微细管破裂,溢流出来的树脂将自动封闭和粘接裂缝。

②光纤混凝土的应用。在建筑物的重要构件中埋设光导纤维,监视构件在荷载作用下的受力状况,显示结构的安全程度;有机结构构件,如建筑梁、柱由聚合物缓冲材料连成一体,在一般荷载下为刚性连接,在振动的作用下为柔性连接,起到吸收和缓冲地震或风力带来的外力作用。

③智能化平衡结构的应用。一方面通过一个液压支架系统来减弱和抑制建筑物的震动;另一方面在楼顶层安装一个大滑块,在大楼受到飓风或地震的影响将倾斜时,重滑块会根据计算机的指令朝相反的方向移动,使建筑物的结构趋于平衡。

3)智能建筑的种类与地理范围的扩展

目前智能建筑的发展呈现出两方面的明显趋势。一是智能建筑已从办公写字楼向宾馆、医院、公共场馆、住宅及厂房等领域扩展;二是随着智能建筑建设范围的扩大与数量的增加,智能建筑正向智能小区、智能城市发展,与"数字国家"和"数字地球"接轨。

4)信息技术的发展和标准化将不断提升建筑智能化系统的素质

美国的《21 世纪的技术:计算机、通信》研究报告指出:"应用将建立在互联网网络的基础之上,并且具有良好的人机交互多维信息处理能力。在技术上,发展的重点将是虚拟技术、协同工作技术、可视化技术;在应用上,必须密切结合应用需求,强调综合集成。"

随着智能传感技术与智能控制技术的发展和应用,将进一步提高智能建筑的控制精度,节能效果更加显著;信息网络与控制网络的融合和统一,将使得建筑智能化系统的网络结构更加简化,网络系统更加可靠;国际开放协议标准的采用,有利于实现各建筑智能化系统的互操作和系统集成。Intranet 的引入,有利于实现智能建筑内部局域网与外部 Internet 和 Extranet 网络的无缝连接;FTTO(光纤到办公室)、FTTH(光纤到家)以及三网合一(语音/视频/数据传输使用同一个传输网络)的实现,必将使智能建筑的接入网进入一个新的境界;地理信息系统(GIS)技术的应用,将使智能建筑物业管理系统和办公自动化系统更加方便实用。

智能建筑是传统的建筑技术与新兴的信息技术相结合的产物,是人、信息和工作环境的智慧结合,是建立在建筑设计、行为科学、信息科学、环境科学、社会工程学、系统工程学、人类工程学等各类理论学科之上的交叉应用。智能建筑从早期的"3A"融合(CA、BA、FA)到"5A"(在"3A"的基础上增加 SA 和 OA),再到目前的多媒体技术的融合(机房工程、会议工程、信息显示和引导等),纳入智能化工程项目中的子系统越来越多。智能建筑的未来发展趋势将体现在以下 4 个方面:

①智能数字化社区。近年来,智能住宅小区发展迅速,随着计算机的普及以及网络的开通,住户更多着眼在网络所提供的现实功能。也就是说,智能小区的建设绝不仅是其硬件的设置,如社区布线、接入网、节点建设等,还要注意到网络接通后的信息资源建设和提供的服务功能建设,如网上购物、网上医疗、保健咨询、网上教育、生活顾问等。

②绿色智能建筑。绿色与智能建筑作为实施可持续发展战略的任务之一,已被世界许多国家所接受,建筑环境的持续性与自然化是绿化的大方向。未来城市的生活环境都要全面绿化与智能,这将是一个无污染、无辐射的世界。

③节能智能化建筑。如何采用高科技的手段节约能源和降低污染应成为智能建筑永恒的话题。智能建筑的能耗是评价智能化系统与运营管理水平的重要指标,在目前世界经济高速发展时期,能源高度紧张,建筑物节能改造更是智能建筑后续发展的重要内容。

④在太阳能建筑中可利用智能化系统监控供电、供暖、供热水系统的运行,如自动调节太阳能面板的角度;自动清洗太阳能面板上的灰尘;自动加水、加温等。可以设想,经若干年的发展,以智能建筑技术为主导的生态节能、太阳能等建筑技术将会相互融合,产生高技术与建筑艺术相结合的新时代的建筑。

任务1.2　智能建筑的定义与构成

1.2.1　智能建筑的定义

智能建筑是现代建筑技术与现代通信技术、计算机技术、控制技术相结合的产物,具有十分鲜明的信息社会的时代特征。概括来说,智能建筑是以建筑为平台,利用系统集成方法,将智能型计算机、通信及信息技术与建筑艺术相结合,通过对设备的自动监控,对信息资源的管理和对使用者的信息服务及其与建筑的优化组合,所获得的投资合理,适合信息社会需要并且安全、高效、舒适、便利和灵活及更具人性化的建筑物。智能建筑的"智能化"主要是在一座建筑物内进行信息管理和对信息综合利用的能力。这个能力涵盖了信息的采集和综合,信息的分析和处理以及信息的交换和共享。也可以理解为智能建筑就是具备了综合信息应用和设备监控与管理自动化能力的建筑,它依托 4C(即 Computer 计算机技术、Control 自动控制技术、Communication 通信技术、CRT 图形显示技术)技术,构建楼宇设备自控系统、通信网络系统、物业管理自动化系统,并把现有分离的设备、功能、信息等综合集成一个相互关联、统一、协调的系统,用以提供高技术的智能化服务与管理。

目前各国、各行业和研究组织从不同的角度对智能建筑提出不同的认识,下面是几种流行的定义。

①美国智能大厦协会(AIBI)的定义。智能建筑通过对建筑物的四个基本要素,即结构、系统、服务、管理以及它们之间内在关联的最优化考虑,来提供一个投资合理但又拥有高效率的舒适、温馨、便利的环境,并且帮助大楼的业主、物业管理人、租用人等注重费用、舒适、便利以及安全等方面的目标,当然还要考虑到长远的系统灵活性及市场的适应能力。

②新加坡政府的 PWD 的智能大厦手册的定义。智能大厦必须具备三个条件:以先进的自动化控制系统调节大厦内的各种设施,包括室温、湿度、灯光、保安、消防等,为租户提供舒适的环境;良好的通信网络设施,使数据能在大厦内各区域之间进行流通;提供足够的通信设施。

③日本智能大楼研究会的定义。智能建筑提供商业支持功能、通信支持功能等在内的高度通信服务,并通过高度的大楼管理体系,保证舒适的环境和安全,以提高工作效率。

④中国比较流行的说法是以大厦内自动化设备的配备作为智能建筑的定义。例如 3A 智能大厦内设有通信自动化设备(Communication Automation,CA)、办公室自动化设备(Office Automation,OA)与楼宇自动化设备(Building Automation,BA)。若再把消防自动化设备(Fire Automation,FA)与安保自动化设备(Security Automation,SA)从 BA 中划分出来,则成为"5A"智能大厦。为了体现在大厦中对各种智能化子系统进行综合管理,又形成了大厦管理自动化(Management Automation,MA)系统。这类以建筑内智能化设备的功能与配置作为定义,具有直观、容易界定等特点。

我国智能建筑专家、清华大学张瑞武教授 1997 年 6 月在厦门市建委主办的首届"智能建筑研讨会"上就智能建筑提出了下列较完整的定义:智能建筑指利用系统集成方法,将智能型计算机技术、通信技术、信息技术与建筑艺术有机结合,通过对设备的自动监控、对信息资源的优化组合,所获得的投资合理、适合信息社会需要并具有安全、高效、舒适、便利和灵活等特点的建筑物。

⑤欧洲建筑集团认为的定义。智能建筑是使其用户发挥最高效率,同时又以最低的保养成本、最有效地管理本身资源的建筑,能够提供一个反应快、效率高和有支持力的环境以使用户达到其业务目的。

综上所述,智能建筑是指在结构、系统、服务运营及其相互联系上全面综合而达到最佳组合,获得高效率、高功能、高舒适性和安全性有保障的大楼。智能建筑通常有四大主要特征,即楼宇自动化、通信自动化、办公自动化和综合布线系统。由此可见,智能建筑是计算机技术、控制技术、通信技术、微电子技术、建筑技术和其他多种先进技术等相互结合的产物,是以最优化的设计,提供一个投资合理又拥有高效率的幽雅舒适、便利快捷、高度安全的环境空间,是具有安全、高效、舒适、便利、灵活和生活环境优良、无污染的建筑物。

1.2.2 智能建筑的构成

智能建筑是配置了大量智能型设备的建筑,其核心可归纳为 4A + GCS + BMS,即建筑设备自动化系统(BA),通信自动化系统(CA),办公自动化系统(OA),安全自动化系统(SAS)、综合布线系统(GCS)和建筑物管理系统(BMS)。智能建筑通过综合布线系统将此 3A 系统进行有机综合,应用数字通信技术、控制技术、计算机、网络技术、电视技术、光纤技术、传感器技术及数据库技术等高新技术,构成各类智能化系统,使大楼各项设施的运转机制达到高效、合理、节能的要求。

智能建筑的构成如图 1.1 所示。

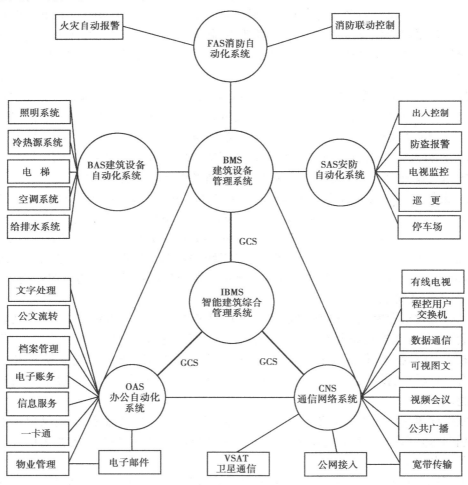

图 1.1 建筑智能化系统的结构及功能示意图

智能楼宇使用 4C 技术构成了"4A"系统(楼宇自动化系统、通信自动化系统、办公自动化系统和安全自动化系统),解决了高层建筑物机电设备的安全运行、合理使用和设备保养的问题,从而保证高层建筑中生活、工作必备的垂直交通、照明、用电、温湿度、用水、通风以及安全管理,为用户提供了快捷、便利、高效的办公条件,通过有线、无线通信甚至卫星通信解决了音频、视频图像等信息的传输,为用户提供快捷优质的服务。

任务 1.3　智能建筑的特征及功能

1.3.1　智能建筑的特征

智能建筑是现代建筑技术与现代通信技术、计算机技术、控制技术相结合的产物,具有十分鲜明的信息社会的时代特征。概括来说,智能建筑是以建筑为平台,利用系统集成方法,将智能型计算机、通信及信息技术与建筑艺术相结合,通过对设备的自动监控,对信息资源的管理和对使用者的信息服务及其与建筑的优化组合,所获得的投资合理,适合信息社会需要并且具有安全、高效、舒适、便利和灵活及更具人性化的建筑物。智能建筑的"智能化"主要是指一座建筑物内进行信息管理和对信息综合利用的能力。这个能力涵盖了信息的采集和综合、信息的分析和处理以及信息的交换和共享。也可以理解为智能建筑就是具备了综合信息应用和设备监控与管理自动化能力的建筑,它依托 4C(即 Computer 计算机技术、Control 自动控制技术、Communication 通信技术、CRT 图形显示技术)技术,构建楼宇设备自控系统、通信网络系统、物业管理自动化系统,并把现有分离的设备、功能、信息等综合集成一个相互关联、统一、协调的系统,用以提供高技术的智能化服务与管理。

1.3.2　智能建筑的功能

1) 办公自动化系统(OAS)

办公自动化系统是将计算机技术、通信技术、系统科学、行为科学等应用于传统数据处理技术难以处理的、数量庞大且结构不明确的业务上的所有技术的总称。它通过利用先进的科学技术,不断使人的部分办公业务活动物化于人以外的各种设备中,并由这些设备与办公人员构成服务于某种目标的人机信息处理系统。其目的是尽可能利用先进的信息处理设备,提高人的工作效率,辅助决策,以实现办公自动化的目标,即在办公室工作中,以微机为中心,采用传真机、复印机、打印机、电子邮件(E-mail)等一系列现代办公及通信设施,全面而又广泛地收集、存储、加工和使用信息,为科学管理和科学决策服务。

办公自动化系统(OAS)主要有三项任务:

①电子数据处理(EDP)。即处理办公中大量烦琐的事务性工作,如发送通知、打印文件、汇总表格、组织会议等。

②管理信息系统(MIS)。对信息流的控制管理是每个部门最本质的工作。MIS 是管理信息的最佳手段,它把各项独立的事务处理通过信息交换和资源共享联系起来以获得准确、快捷、及时、优质的功效。

③决策支持系统(DSS)。决策是根据预定目标作出的决定,是最高层次的管理工作。决策过程包括提出问题、搜集资料、拟订方案、分析评价、最后选定等一系列的活动。

OAS 系统能自动地分析、采集信息,提供各种优化方案,辅助决策者作出正确、迅速的决定。

2) 通信自动化系统(CAS)

通信自动化系统能高速进行智能建筑内各种图像、文字、语言及数据之间的通信。它同时与外部通信网相连,交流信息。通信自动化系统可分为语音通信、图文通信、数据通信及卫星通信4个子系统。

（1）语音通信系统

语音通信是智能化建筑通信的基础,是人们使用最广泛、功能最多、数量不断增多的一项业务,包括:

①程控电话——把各种控制功能、步骤、方法编成程序放入计算机的存储器中,利用存储器中存储的程序控制整个电话交换机工作。

②移动通信——通信的一方或双方在移动中利用无线电波实现通信的业务,可以与有线公用电话连接,是非常方便、灵活的通信手段。

③无线寻呼——单方向传递信息的个人选择呼叫系统。

④磁卡电话——它是20世纪70年代后期开始使用的新型公用电话,主要解决电话自动收费问题。磁卡电话集中了计算机、通信、电磁学的先进技术,具有使用灵活方便、易于集中维护管理,更改费率方便,可保密和防伪,可靠耐用等优点。

（2）图文通信

图文通信主要是传递文字和图像信号,共由三部分组成。一是用户电报和智能用户电报。用户电报是用户利用装设在办公室或住所的电报终端设备,由市内电信线路与电信局连通,通过电信局的用户电报网,与本地或国内外各地用户之间直接通信的一种业务。智能用户电报又称高速用户电报,是一种远程信息处理业务,其终端内有微处理机、数据存储器及报文编辑功能处理机。它的通信过程与用户电报不同,它不是双方操作人员之间的人工通信,而是双方终端存储器之间的自动通信,可在公用电话网、分组交换网和综合数字网上进行。二是传真通信,是利用扫描技术,通过电话电路实现远距离精确传送固定的文字和图像等信息的通信技术,可以形象地形容为远距离复印技术。三是电子邮件(E-mail),是一种基于计算机网络的信息传递业务,消息可以是一般的电文、信函、数字传真、图像、数字化语音或其他形式的信息,按处理的信息不同,分为语音信箱、电子信箱和传真邮箱。

（3）数据通信系统

数据通信技术是计算机与电信技术相结合的新兴通信技术,操作人员使用数据终端设备与计算机,或计算机与计算机之间的通信,通过通信线路和按照通信协议实现远程数据通信,数据通信实现了通信网资源、计算机资源与信息资源等共享以及远程数据处理,按照服务性质可分为公用数据通信和专用数据通信,按组网形式可分为电话网上的数据通信、用户电报网上的数据通信和数据通信网通信,按交换方式可分为非交换方式、电路交换数据通信和分组交换数据通信。

（4）卫星通信

卫星通信是近代航空技术和电子技术相结合产生的一种重要通信手段。它利用赤道上空35 739 km高度装有微波转发器的同步人造地球卫星作中继站,与地球上若干个信号接收站构成通信网,转接通信信号,实现长距离、大容量的区域通信乃至全球通信。地球同步轨道上的通信卫星可覆盖18 000 km² 范围的地球表面,即在此范围内的地球站经卫星一次转接便可通信。卫星通信系统主要由同步通信卫星和各种卫星地球站组成。它突破了传统地域观念,实现了相距万里却近在眼前的国际信息交往联系。今天的现代化建筑已不再局限在几个有限的大城市范围内。它真正提供了强有力的缩短空间和时间的手段。因此通信系统起到了零距离、零时差交换信息的重要作用。

3）楼宇自动化系统（BAS）

楼宇自动化系统（BAS）以中央计算机为核心，对建筑物内的设备运行状况进行实时控制和管理，从而使办公室成为温度、湿度、光度稳定和空气清新的办公室。按设备的功能、作用及管理模式，该系统可分为火灾报警与消防联动控制系统，空调及通风监控系统，供配电及备用应急电站的监控系统，照明监控系统、保安监控系统、给排水监控系统和交通监控系统。其中，交通监控系统包括电梯监控系统和停车场自动监控系统；保安监控系统包括紧急广播系统和巡更对讲系统。楼宇自动化系统日夜不停地对建筑内各种机电设备的运行情况进行监视，采用各处现场资料自动处理，并按预置程序和随机指令进行控制。因此，楼宇自动化系统有如下优点：

①集中统一地进行监控和控制，既可节省大量人力，又可提高管理水平。

②可建立完整的设备运行档案，加强设备管理，制订检修计划，确保建筑物设备的运行安全。

③可实时监测电力用量、开关控制和工作循环最优运行等多种能量监管，可节约能源、提高经济效益。

4）安全自动化系统（SAS）

安全自动化系统（SAS）主要有两类：一类为消防系统；另一类为安保系统。消防系统具有火灾自动报警与消防联动控制功能，是一个专用计算机系统。安保系统常设有闭路电视监控系统（CCTV）、通道控制（门禁）系统、防盗报警系统、巡更系统等。SA 系统 24 h 连续工作，监视建筑物的重要区域与公共场所，一旦发现危险情况或事故灾害的预兆，立即报警并采取对策，以确保建筑物内人员与财物的安全。

5）综合布线系统（GCS）

综合布线系统（GCS）是在智能建筑中构筑信息通道的设施。它采用光纤通信电缆、铜芯通信电缆及同轴电缆，布置在建筑物的垂直管井与水平线槽内，一直通到每一层面的每个用户终端，可以以各种传输速率（从 9 600 bit/s 到 1 000 Mbit/s）传送话音、图像、数据信息。OA、CA、BA 及 SA 等系统的信号从理论上都可由 GCS 沟通。因而，有人称之为智能建筑的神经系统。

6）建筑物管理系统（BMS）

建筑物管理系统（BMS）是为了对建筑设备实现管理自动化而设置的计算机系统，它把相对独立的 BA 系统、SA 系统和 OA 系统采用网络通信的方式实现信息共享与互相联动，以保证高效的管理和快速的应急响应。这一系统目前尚无统一的定义，有的称其为系统集成，有的称其为 IBMS（I-Intelligent），有的称其为 12BMS（I2-Integrated Intelligent），亦有的称其为 138BMS（I3-Intranet Integrated Intelligent）。虽然不同称呼下的技术方案有一些区别，但是基本功能是相近的。

7）智能建筑管理系统（IBMS）

智能建筑管理系统（Intelligent BuildingManagement System）是一个具有高生产力、低营运成本和高安全性的智能化综合管理系统。它能够利用收集到的建筑物相关资料，分析整理成具有高附加值的信息，运用先进技术和方法使建筑设备的作业流程更有效、运行成本更低、竞争力更强。同时，它能使大楼内各个实时子系统高度集成，做到保安、防火、设备监控三位一体,实现 BMS、OAS 和 CNS 集成在一个图形操作界面上对整个建筑物进行全面监视、控制和管理,提高大厦全局事件和物业管理的效率和综合服务的功能。

实践学习

[方案一]

学习完本项目后,教师带领学生参观智能办公大楼和智能住宅小区,调查了解大楼每一部分智能化水平的实际状况,通过观察和操作智能楼宇设备,每位学生写一份调查报告。

[方案二]

学习完本项目后,学生分学习小组讨论,把自己所了解的智能建筑构思出来,并记录下来;然后通过参观智能办公大楼和智能住宅小区,调查了解,比较实际情况与小组构思之间的差距,加深对智能楼宇的认识。

知识小结

本项目主要介绍智能建筑的发展过程、概念和构成和主要功能,重点是学习智能建筑的组成结构及各主要部分的功能。学生学习后能了解每一部分的功能,以及国内外智能建筑的发展趋势。

思考题

1. 什么是智能建筑?智能建筑的主要特征是什么?简述世界上第一座智能建筑的诞生过程。
2. 智能建筑的核心是什么?
3. 简述智能建筑系统的构成。
4. 什么是"4A"?简述"4A"主要功能和发展前景。
5. 请利用网络或现实调查结果阐述智能建筑的发展趋势。

项目 **2**
智能建筑相关技术

任务导入

智能建筑是在普通建筑的基础上融合了现代计算机(computer)技术、现代控制(control)技术、现代通信(communication)技术、现代图形显示(CRT)技术(即 4C 技术),通过 BA 检测技术赋予建筑物感知能力,通过系统集成技术实现其系统间的信息共享和综合应用。

20 世纪 90 年代以来,通信网络技术发展日新月异,光纤通信技术、多媒体通信技术、IP 宽带技术、蜂窝移动通信技术、高速计算机网络及网络互联技术、接入网络技术、智能网络技术相继问世。可视电话、可视图文、视频会议、无线电话、VSAT 卫星、ASDL 和以太网宽带接入等新的通信业务不断推出,使得智能的建筑中通信网络系统内容十分丰富。计算机控制领域,集散型控制系统、现场总线技术的发展为智能建筑的系统通信提供了丰富的案例。

任务 2.1   计算机控制技术基础

自动控制技术、计算机技术、检测与传感技术、网络与通信技术、显示技术等的发展,给计算机控制技术带来了巨大变革。计算机控制系统是构成智能建筑的核心技术之一。

2.1.1   计算机控制系统认知

1)计算机控制系统

计算机控制系统(Computer Control System,CCS)是应用计算机参与控制并借助一些辅助部件与被控对象相联系,以获得一定控制目的而构成的系统。计算机控制系统应用在智能建筑中一般采用闭环控制,如图 2.1 所示。计算机不断采集被控对象的各种状态信息,按照一定的控制策略处理后,输出控制信息直接影响被控对象。辅助部件主要指输入输出接口、检测装置和执行装置等。由于计算机的输入和输出是数字信号,而现场采集到的信号或送到执行机构的信号大多是模拟信号,因此与常规的按偏差控制的闭环负反馈系统相比,计算机控制系统需要有 D/A 转换器和 A/D 转换器这两个环节。

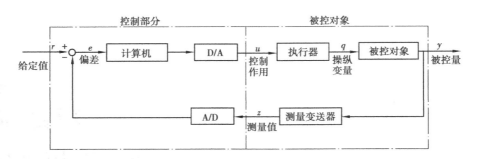

图2.1　计算机控制系统

2)计算机控制系统组成

计算机控制系统由控制部分和被控对象组成,其控制部分包括硬件部分和软件部分,如图2.2所示。计算机控制系统软件包括系统软件和应用软件。系统软件一般包括操作系统、语言处理程序和服务性程序等,它们通常由计算机制造厂为用户配套,有一定的通用性。应用软件是为实现特定控制目的而编制的专用程序,如数据采集程序、控制决策程序、输出处理程序和报警处理程序等。它们涉及被控对象的自身特征和控制策略等,由实施控制系统的专业人员自行编制。

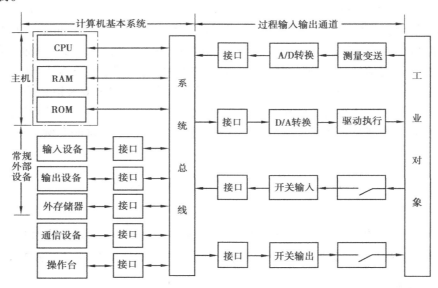

图2.2　计算机控制系统

(1)硬件部分

硬件主要包括主机、输入输出通道、人机联系设备等。

主机是计算机控制系统的核心,由中央处理器(CPU)和内部存储器(ROM 和 RAM)组成,它的主要任务是按照预先编制好的程序进行数据采集、数据处理、逻辑判断、控制量计算、报警等。

输入输出通道是主机与生产对象之间进行信息交换的桥梁和纽带,组成上包括接口、A/D 转换器和 D/A 转换器以及一些传感器(如温湿度传感器、液位传感器)和执行器,根据信号类型和方向分为模拟量输入通道(AI)、模拟量输出通道(AO)、数字量输入通道(DI)和数字量输出通道(DO)。

人机联系设备的主要作用是完成操作员与计算机之间的信息交换,包括显示器、键盘、专用的操作显示面板或操作显示台等。

(2)软件部分

计算机控制系统软件包括系统软件和应用软件。系统软件一般包括操作系统、语言处理程序和服务性程序等,它们通常由计算机制造厂为用户配套,有一定的通用性。应用软件是为实现特定控制目的而编制的专用程序,如数据采集程序、控制决策程序、输出处理程序和报警处理程序等。它们涉及被控对象的自身特征和控制策略等,由实施控制系统的专业人员自行编制。

2.1.2 计算机控制系统分类

计算机控制系统按照控制主机参与控制的方式可以分为数据采集系统、监督计算机控制系统、操作指导控制系统、直接数字控制系统、集散型控制系统、现场总线控制系统。

1)数据采集系统(DAS)

在这种应用中,计算机只承担数据的采集和处理工作,而不直接参与控制。它对生产过程各种工艺变量进行巡回检测、处理、记录及变量的超限报警,同时对这些变量进行累计分析和实时分析,得出各种趋势分析,为操作人员提供参考,如图2.3所示。

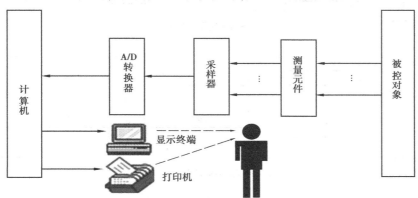

图2.3 数据采集系统

2)操作指导控制系统(OGC)

操作指导控制系统是基于数据采集系统的一种开环结构,如图2.4所示。计算机根据采集到的数据以及工艺要求进行最优化计算,计算出的最优操作条件,并不直接输出控制被控对象,而是显示或打印出来,操作人员据此去改变各个控制器的给定值或操作执行器,以达到操作指导的作用。它相当于模拟仪表控制系统的手动与半自动工作状态。OGC系统的优点是结构简单,控制灵活和安全。缺点是要由人工操作,速度受到限制,不能同时控制多个回路。

3)监督计算机控制系统(SCC)

监督计算机控制系统是OGC系统与常规仪表控制系统或与DDC系统综合而成的两级系统,如图2.5所示。这个系统根据生产过程的工况和已定的数学模型,进行优化分析计算,产生最优化设定值,送给直接数字控制系统执行。监督计算机系统承担着高级控制与管理任务,要求数据处理功能强,存储容量大等,一般采用较高档计算机。

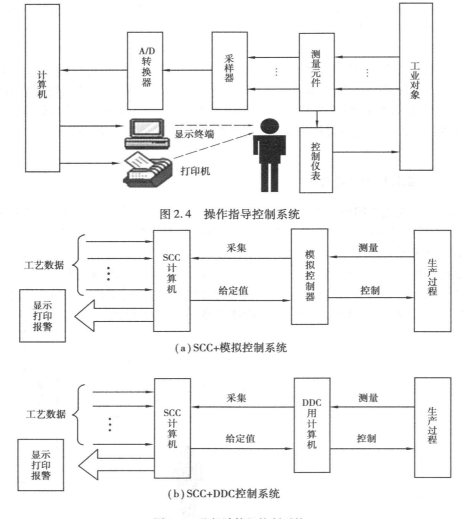

图 2.4　操作指导控制系统

（a）SCC+模拟控制系统

（b）SCC+DDC控制系统

图 2.5　监督计算机控制系统

4）直接数字控制系统

计算机根据控制规律进行运算,然后将结果经过过程输出通道作用到被控对象,从而使被控变量符合要求的性能指标。它与模拟系统不同之处在于,模拟系统中信号的传送不需要数字化;而数字系统必须先进行模数转换,输出控制信号也必须进行数模转换,然后才能驱动执行机构。因为计算机有较强的计算能力,所以控制算法的改变很方便。

由于计算机直接承担控制任务,因此要求实时性好、可靠性高和适应性强。

5）集散型控制系统

集散控制系统(Distributed Sontrol System)是以微处理器为基础的对生产过程进行集中监视、操作、管理和分散控制的集中分散控制系统,简称 DCS 系统。该系统将若干台微机分散应用于过程控制,全部信息通过通信网络由上位管理计算机监控,实现最优化控制。整个装置继承了常规仪表分散控制和计算机集中控制的优点,克服了常规仪表功能单一、人-机联系差以及单台微型计算机控制系统危险性高度集中的缺点,既实现了在管理、操作和显示三方面集

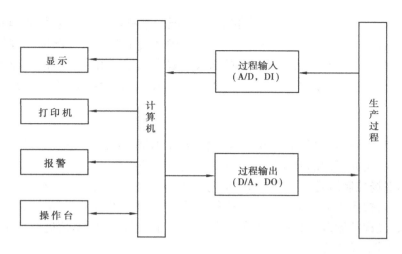

图2.6　直接数字控制系统

中,又实现了在功能、负荷和危险性三方面的分散。DCS系统在现代化生产过程控制中起着重要的作用。典型集散型控制系统体系结构如图2.7所示。

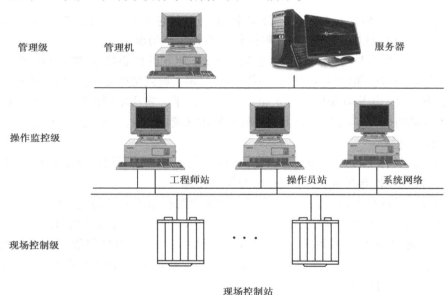

图2.7　典型集散型控制系统体系结构

集散控制系统一般由以下四部分组成:

(1)现场控制级

现场控制级又称数据采集装置,主要是将过程非控变量进行数据采集和预处理,而且对实时数据进一步加工处理,供CRT操作站显示和打印,从而实现开环监视,并将采集到的数据传输到监控计算机。输出装置在有上位机的情况下,能以开关量或者模拟量信号的方式,向终端元件输出计算机控制命令。

这一级直接面对现场,与现场过程相连,如阀门、电机、各类传感器、变送器、执行机构等。它们都是工业现场的基础设备,同样也是DCS的基础。在DCS系统中,这一级的功能就是服从上位机发来的命令,同时向上位机反馈执行的情况。拿军队来举例的话,可以将其形容为最底层的士兵。它们只要能准确地服从命令,并且准确地向上级汇报情况即完成使命。至于它与上位机交流,就是通过模拟信号或者现场总线的数字信号。由于模拟信号在传递的过程或多或少存在一些失真或者受到干扰,所以目前流行的是通过现场总线来进行 DCS 信号的传递。

（2）过程控制级

过程控制级又称现场控制单元或基本控制器,是 DCS 系统中的核心部分,生产工艺的调节都靠它来实现,比如阀门的开闭调节、顺序控制、连续控制等。

上面说到现场控制级是"士兵",那么给它发号施令的就是过程控制级了。它接受现场控制级传来的信号,按照工艺要求进行控制规律运算,然后将结果作为控制信号发给现场控制级的设备。所以,过程控制级要具备聪明的大脑,能将"士兵"反馈的军情进行分析,然后发出命令,以使"士兵"能打赢"战争"。

这个级别不是最高的,相当于军队里的"中尉"。它也一样必须将现场的情况反馈给更高级别的"上校",也就是下面讲的过程管理级。

（3）过程管理级

DCS 的人机接口装置普遍配有高分辨率、大屏幕的色彩 CRT、操作者键盘、打印机、大容量存储器等,操作员通过操作站选择各种操作和监视生产情况。

这个级别是操作人员与 DCS 交换信息的平台,是 DCS 的核心显示、操作和管理装置。操作人员通过操作站来监视和控制生产过程,可以通过屏幕了解到生产运行情况,了解每个过程变量的数字和状态。这一级别在军队中算是很高的"上校"了。它所掌握的"大权"可以根据需要随时进行手动自动切换、修改设定值,调整控制信号、操纵现场设备,以实现对生产过程的控制。

（4）经营管理级

经营管理级又称上位机,功能强、速度快、容量大。它通过专门的通信接口与高速数据通路相连,综合监视系统各单元,管理全系统的所有信息。

这是自动化系统的最高一层,只有大规模的集散控制系统才具备这一级,相当于军队中的"元帅"。它们所面向的使用者是厂长、经理、总工程师等行政管理或运行管理人员。

它的权限很大,可以监视各部门的运行情况,利用历史数据和实时数据预测可能发生的各种情况,从企业全局利益出发,帮助企业管理人员进行决策,帮助企业实现其计划目标。

6）现场总线控制系统

现场总线控制系统也就是 FCS,是新一代分布式控制系统。该系统改进了 DCS 系统成本高、各厂商的产品通信标准不统一而造成不能互联的弱点。

近年来,由于现场总线的发展,智能传感器和执行器也向数字化方向发展,用数字信号取代 4～20 mA 模拟信号,为现场总线的应用奠定了基础。现场总线是连接工业现场仪表和控制装置之间的全数字化、双向、多站点的串行通信网络。现场总线被称为 21 世纪的工业控制网络标准。现场总线控制系统不同于以太网等管理及信息处理用网络,它的物理特性及网络协议特性更强调工业自动化的底层监测和控制。

现场总线技术具有以下特点:

（1）系统的开放性

开放系统是指通信协议公开,各不同厂家设备之间可进行互联并实现信息交换。现场总线开发者就是要致力于建立基于统一底层网络的开放系统,它可以与任何遵守相同标准的其他设备或系统相连。开放系统把系统集成的权利交给了用户,用户可按自己的需要和考虑,把来自不同供应商的产品组成大小随意的系统。

（2）互可操作性与互用性

这里的互可操作性,是指实现互联设备间、系统间的信息传送与沟通,可实行点对点、一点对多点的数字通信。而互用性则意味着对不同生产厂家的性能类似的设备可进行互换而实现互用。

（3）现场设备的智能化与功能自治性

它将传感测量、补偿计算、工程量处理与控制等功能分散到现场设备中完成,仅靠现场设备即可完成自动控制的基本功能,并可随时诊断设备的运行状态。

（4）系统结构的高度分散性

由于现场设备本身可完成自动控制的基本功能,导致现场总线已构成一种新的全分布式控制系统的体系结构,从根本上改变了现有 Des 集中与分散相结合的系统体系,简化了系统结构,提高了可靠性。

（5）对现场环境的适应性

工作在现场设备前端、作为控制底层网络的现场总线,是专为现场环境工作而设计的,它可支持双绞线、同轴电缆、光缆、射频、红外线、电力线等,具有较强的抗干扰能力,能采用两线制实现送电与通信,并可满足本质安全防爆要求等。

现场总线的体系结构如图 2.8 所示。

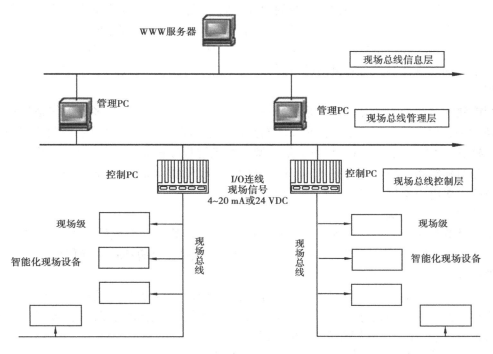

图 2.8　现场总线体系结构

2.1.3　智能建筑中的计算机控制系统

智能建筑对计算机控制系统提出了更新、更高的要求,并主要表现在数据通信和高度综合型管理两个方面。数据通信方面,不但要求系统具备快速性,而且具备较高的可靠性和抗干扰能力。在综合性方面,则要求系统能广泛地深层次管理大楼中的机电设备,使这些设备不但能满足大楼的基本使用要求,而且具有灵活的操作和调配能力,较强的故障、事故预报和处理能力,并最大限度节约能源。

实践证明集散型控制系统是实现智能建筑综合控制的理想方案。集散型控制系统采用了先进的计算机控制技术和分级分散式的体系结构,有效克服了常规仪表控制系统和集中式控制系统的缺点,被认为是目前较为先进的建筑物自动化系统。它与常规控制系统和集中式控制系统相比具有显著的优点,具体表现在以下几个方面:

①控制功能分散。整个系统由各种控制功能站组成,以微处理器为核心的控制站,不但能代替常规仪表完成规定的过程控制,而且能实现复杂的控制。所有站都采用功能模块化、标准化的硬件和软件。

②集中监视与操作。采用 CRT 显示及键盘操作技术,可以实现多种画面、参数和变量的现实。

③通信系统速度高。采用现代的通信技术,系统中各站之间信息传递速度高且安全可靠,可实现整体化运行控制,解决了整体优化问题;采用数据通信系统,不但减少了布线,节省了工程费用,而且系统容易扩展,便于用户分期投资。

④软件可以生成。集散型控制系统的软件可以生成的,它是一种面向用户的图形语言,甚至不熟悉计算机的人也可以掌握使用,这就带来了极大的灵活性和方便性。

⑤具有冗余度和自诊断功能。提高了系统的可靠性、维修效率和设备利用率。

由于它的先进性、可靠性、灵活性、操作方便和良好的性价比,因此在智能建筑中得到了广泛应用。

智能建筑的集散型计算机控制系统是一个由中央计算机站(可有多个工作站)和直接连接在同一条通信线路上的若干个分布在所属受控对象附近的现场直接数字控制器(DDC),以及传感器、执行器等现场设备所组成的集散型计算机过程控制系统,系统结构如图 2.9 所示。它主要是对建筑物内空调及冷冻水、冷却水、热水系统,给排水系统,电梯、扶梯运行系统,送、排风系统等机电设备进行自动监控和管理。

1)中央计算机系统

中央计算机站为人机对话的主要桥梁,操作员通过计算机和系统软件直接监控和管理所有输入/输出的状态。中央计算机站由一台计算机、一块插于计算机内的通信模块、打印机、管理软件组成,它具备以下功能:

①按预先编制的工作程序、参数、启停时间、故障处理等实行自动监测和控制。

②对各监控对象的运行状态、高低峰值和实际监测数据等分析处理,以表格、图形等显示,并进行记录备档,作为设备管理和维护的依据。

③随时实施人机对话功能,按指令实现自动监控。

④当受控设备工作参数超出监控范围或设备发生故障时,实现声、光报警,根据各种具体情况提供解决的参考方案,并把故障情况、解决办法等自动记录,以备查询或瑕疵同类故障解

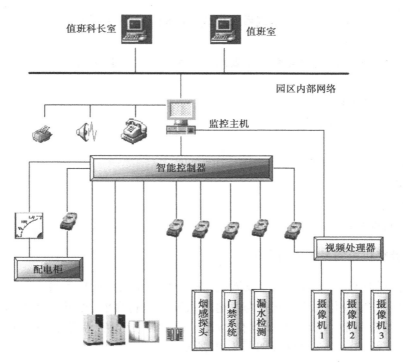

图2.9　智能建筑中的集散型控制系统

决所用。

⑤中央计算机对现场直接控制器进行集中管理,具备完善的系统自诊断和故障处理功能,具有高可靠性和容错性,同时可以防止非授权人员的非法入侵。

⑥具有高级控制侧率和优化控制计算的能力。

⑦与其他计算机系统联网功能。

2)直接数字控制器(DDC)

DDC是采用微机控制技术,将传感器的各种信号(如温度、湿度、压力、状态等)通过输入装置输入微机,按照预先编制的程序进行运算处理,而后将处理后的信号通过输出装置输出再去控制执行器,实现特定的功能。同时,它执行中央计算机站发来的指令,并把所有的信息传到中央计算机站。中央计算机站与DDC之间、DDC与DDC之间采用点对点的通信方式,共享信息,实现协调策略。DDC具有自治性和独立性,在与中央计算机站失去联系的情况下能继续工作。

3)通信

复杂的控制规律要求控制系统中的设备能相互通信、共享信息。空调系统中的动态热工过程的时间常数一般在几分钟至几十分钟的范围内,对通信协议和通信接口的传输速率没有特别要求。在传输距离方面,不同的控制系统要求也不同,例如空调控制系统一般限于大楼以内,传输距离约为几十米至几百米。

通信方式分为并行通信和串行通信。一般地,并行通信能提供较快的速率,但传输距离短,且通信线路成本高。串行通信则相反,通信速率较慢,但传输距离远,通信线路成本低。

目前,楼宇自控系统的网络数据通信一般采用BACnet标准,它是由美国供热、制冷及空调工程协会制定额,于1996年成为美国的国家标准和欧共体标准草案。现在国标上已有100

多家厂商遵循这个标准进行智能建筑系统集成产品的生产。主干网上多采用 TCP/IP 协议。

4）监控和管理内容

楼宇设备监控和管理自动化系统主要对以下系统实行监控和管理：

①空调水自控系统；

②空调机组、新风机组自控系统；

③冷水机组、锅炉监测系统；

④送、排风自控系统；

⑤变配电、自发电检测系统；

⑥照明控制系统；

⑦电梯监测系统；

⑧给排水自控系统。

2.1.4　计算机控制系统应用案例

可编程控制器（PLC）是近十几年发展起来的一种新型的工业控制器。由于它把计算机的编程灵活、功能齐全、应用面广等优点与继电器系统的控制简单、使用方便、抗干扰能力强、价格便宜等优点结合起来，而其本身又具有体积小、质量轻、耗电省等特点，因而在工业生产过程控制中得到了广泛的应用。其外形如图 2.10 所示。

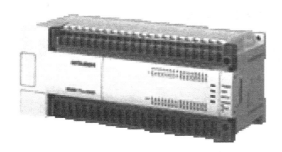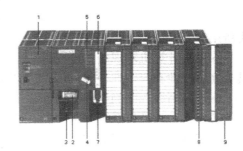

图 2.10　PLC 外形图

1）PLC 的特点

PLC 是专为工业环境而设计制造的计算机，它具有丰富的输入/输出接口，并具有较强的驱动能力，能够较好地解决工业控制领域中普遍关心的可靠、安全、灵活、方便、经济等问题。

（1）高可靠性

PLC 采取了很多有效措施以提高其可靠性，如：所有输入输出接口电路均采用光电隔离、各模块均采取屏蔽措施，以防止辐射干扰；采用优良的开关电源、对采用的器件进行严格的筛选，具有完整的监视和诊断功能，一旦电源或其他软、硬件发生异常情况，CPU 立即采取有效措施，防止故障扩大。大型 PLC 还采用由双 CPU 构成的冗余系统，使可靠性进一步提高。

（2）功能齐全

PLC 的基本功能包括：开关量输入输出，模拟量输入输出，辅助继电器，状态继电器，延时继电器，锁存继电器，主控继电器，定时器，计数器，移位寄存器，凸轮控制器，跳转和强制 I/O 等。

PLC 的扩展功能有联网通信、成组数据传送、PLD 闭环回路控制、排序查表功能，还具有中断控制及特殊功能函数运算等功能。

PLC有丰富的I/O接口模块。PLC针对工业现场信号(如交流或直流,开关量或模拟量,电压或电流,脉冲或电位,强电或弱电等)都有相应的I/O模块与工业现场的器件或设备直接相连。

(3)应用灵活

除了单元式小型PLC外,绝大多数PLC采用标准的积木硬件结构和模块化软件设计,使其不仅可以适应大小不同、功能繁复的控制要求,而且可以适应各种工艺流程变更较多的场合。

(4)系统设计、调试周期短

PLC的安装和现场接线简单,可以按积木方式扩充和删减其系统规模。由于它的逻辑、控制功能是通过软件完成的,因此允许设计人员在购买硬件设备之前就进行"软接线"工作,从而缩短了整个设计、生产、调试周期。

(5)操作维修方便

PLC采用电气操作人员习惯的梯形图形式编程与功能助记符编程,使用户能十分方便读懂程序和编写、修改程序。操作人员经短期培训就可以使用PLC,其内部工作状态、通信状态、I/O点状态和异常状态等均有醒目的显示。因此,操作人员、维修人员可以及时准确地了解机器故障点,利用替代模块或插件的办法迅速排除故障。

2)基于PLC的计算机控制系统简介

由于PLC具有诸多优点,使得PLC应用十分广泛。现在,PLC已经广泛应用在钢铁、采矿、水泥、石油、化工、电力、机械制造、汽车装卸等行业。

(1)基于PLC计算机控制系统设计原则

关于PLC系统的设计原则往往涉及很多方面,其中最基本的设计原则可以归纳为四点:

①最大限度地满足工业生产过程或机械设备的控制要求。

②确保计算机控制系统的可靠性。

③力求控制系统简单、实用、合理。

④适当考虑生产发展和工艺改进的需要,在I/O接口、通信能力等方面要留有余地。

(2)基于PLC计算机控制系统设计内容

①分析被控对象的工艺特点和要求,拟订PLC系统的控制功能和设计目标;

②细化PLC系统的技术要求,如I/O接口数量、结构形式、安装位置等;

③PLC系统的选型,包括CPU、I/O模块、接口模块等;

④编制I/O分配表和PLC系统及其与现场仪表的接线图;

⑤根据系统要求编制软件规格说明书开发PLC应用软件;

⑥编写设计说明书和使用说明书;

⑦系统安装、调试和投运。

3)PLC系统的硬件设计

设计一个良好的控制系统,第一步就是需要对被控生产对象的工艺过程和特点作深入的了解,这也是现场仪表选型与安装、控制目标确定、系统配置的前提。一个复杂的生产工艺过程,通常可以分解为若干个工序,而每个工序往往又可分解为若干个具体步骤,这样做可以把复杂的控制任务明确化、简单化、清晰化,有助于明确系统中各PLC及PLC中I/O的配置,合理分配系统的软硬件资源。

第二步需要创建设计任务书。设计任务书实际上就是对技术要求的细化,把各部分必须具备的功能和实现方法以书面形式描述出来。设计任务书是进行设备选型、硬件配置、软件设计、系统调试的重要技术依据,若在 PLC 系统的开发过程中发现不合理的方面,需要及时进行修正。通常,设计任务书要包括以下各项内容:

①数字量输入总点数及端口分配;

②数字量输出总点数及端口分配;

③模拟量输入通道总数及端口分配;

④模拟量输出通道总数及端口分配;

⑤特殊功能总数及类型;

⑥PLC 功能的划分以及各 PLC 的分布与距离;

⑦对通信能力的要求及通信距离。

第三步需要在满足控制要求的前提下,对系统所涉及的硬件设备进行选型。PLC 硬件设备的选型应该追求最佳的性能价格比。硬件设备的选型主要包括 CPU、I/O 配置、通信、电源等方面进行考虑。

第四步需要设计安全回路。安全回路是能够独立于 PLC 系统运行的应急控制回路或后备手操系统。安全回路一般以确保人身安全为第一目标、保证设备运行安全为第二目标进行设计,这在很多国家和国际组织发表的技术标准中均有明确的规定。一般来说,安全回路在以下几种情况下将发挥安全保护作用:设备发生紧急异常状态时;PLC 失控时;操作人员需要紧急干预时。

4)PLC 的控制系统的软件设计

PLC 用户程序的设计过程可分为两个阶段,即前期工作和应用软件的开发和调试。在软件设计过程中,前期工作内容往往会被设计人员所忽视。事实上,这些工作对提高软件的开发效率、保证应用软件的可维护性、缩短调试周期都是非常必要的,特别是对较大规模的 PLC 系统更是如此。

(1)前期工作

前期工作主要包括制定控制方案,制定抗干扰措施,编制 I/O 分配表,确定程序结构和数据结构,定义软件模块的功能。

(2)应用软件的开发和调试

根据功能的不同,PLC 应用软件可以分为基本控制程序、中断处理程序和通信服务程序三个部分。其中,基本控制程序是整个应用软件的主体,它包括信号采集、信号滤波、控制运算、结果输出等内容。对于整个应用软件来说,程序结构设计和数据结构设计是程序设计的主要内容。合理的程序结构不仅决定着应用程序的编程质量,而且还对编程周期、调试周期、可维护性都有很大的影响。

任务2.2 计算机网络技术基础

计算机网络技术是智能建筑的核心技术之一,计算机网络系统是智能建筑的重要基础设施之一。

2.2.1 计算机网络概述

计算机网络,是指将地理位置不同的具有独立功能的多台计算机及其外部设备,通过通信线路连接起来,在网络操作系统、网络管理软件及网络通信协议的管理和协调下,实现资源共享和信息传递的计算机系统。

1)计算机网络组成

从系统功能看,计算机网络由通信子网和资源子网两部分组成,如图2.11所示。

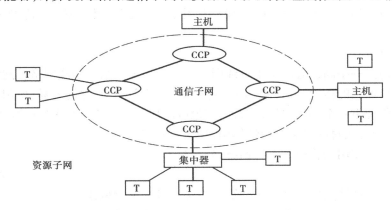

图2.11 计算机网络组成

(1)资源子网

资源子网一般由主计算机系统、终端和终端控制器、联网外围设备等与通信子网的接口设备以及各种软件资源、数据资源等组成,负责全网的数据处理和向网络用户提供网络资源及网络服务等。

(2)通信子网

通信子网由通信设备和通信线路组成,提供网络通信功能,完成主机之间的数据传输、交换、控制和变换等通信任务。

2)计算机网络的基本功能

计算机网络主要具有如下4个功能。

(1)数据通信

计算机网络主要提供传真、电子邮件、电子数据交换(EDI)、电子公告牌(BBS)、远程登录和浏览等数据通信服务。

(2)资源共享

凡是入网用户均能享受网络中各个计算机系统的全部或部分软件、硬件和数据资源。

（3）提高计算机的可靠性和可用性

网络中的每台计算机都可通过网络相互成为后备机。一旦某台计算机出现故障,它的任务就可由其他的计算机代为完成,这样可以避免在单击情况下,一台计算机发生故障引起整个系统瘫痪的现象,从而提高系统的可靠性。而当网络中的某台计算机负担过重时,网络又可以将新的任务交给较空闲的计算机完成,均衡负载,从而提高了每台计算机的可用性。

（4）分布式处理

分布式处理是指通过算法将大型的综合性问题交给不同的计算机同时进行处理。用户可以根据需要合理选择网络资源,就近快速地进行处理。

2.2.2 计算机网络的拓扑结构

计算机网络的拓扑结构,即是指网上计算机或设备与传输媒介形成的结点与线的物理构成模式,是通过网络节点与通信线路之间的几何关系表示的,反映出网络中各实体间的结构关系。

计算机网络的拓扑结构主要有:总线型拓扑、星型拓扑、环型拓扑、树型拓扑和混合型拓扑。

1）总线型拓扑

总线型结构由一条高速公用主干电缆即总线连接若干个结点构成网络。网络中所有的结点通过总线进行信息的传输。这种结构的特点是结构简单灵活,建网容易,使用方便,性能好。其缺点是一次仅能由一个端用户发送数据,其他端用户必须等待至获得发送权;媒体访问获取机制较复杂;主干总线对网络起决定性作用,总线故障将影响整个网络。

总线型拓扑是使用最普遍的一种网络,如图 2.12 所示。

2）星型拓扑

星型拓扑由中央结点集线器与各个结点连接组成。这种网络各结点必须通过中央结点才能实现通信。星型结构的特点是结构简单、建网容易,便于控制和管理。其缺点是中央结点负担较重,容易形成系统的"瓶颈",线路的利用率也不高,星型网络结构如图 2.13（a）所示。

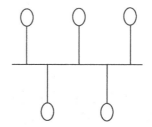

图 2.12 总线型网络结构

3）环型拓扑

环型拓扑由各结点首尾相连形成一个闭合环型线路。环型网络中的信息传送是单向的,即沿一个方向从一个结点传到另一个结点;每个结点需安装中继器,以接收、放大、发送信号。这种结构的特点是结构简单,建网容易,便于管理。其缺点是当结点过多时,将影响传输效率,不利于扩充。环型网络拓扑结构如图 2.13（b）所示。

4）树型拓扑

树型拓扑是一种分级结构。在树型结构的网络中,任意两个结点之间不产生回路,每条通路都支持双向传输。这种结构的特点是扩充方便、灵活,成本低,易推广,适合于分主次或分等级的层次型管理系统。树型网络拓扑结构如图 2.13（c）所示。

5）网型拓扑

网型拓扑主要用于广域网。由于结点之间有多条线路相连,所以网络的可靠性较高。由于结构比较复杂,建设成本较高。树型网络拓扑结构如图 2.13（d）所示。

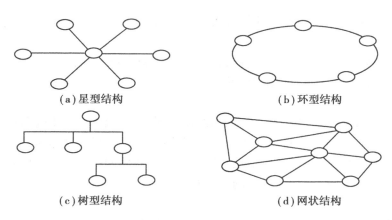

（a）星型结构　　　　　　　　　　（b）环型结构

（c）树型结构　　　　　　　　　　（d）网状结构

图 2.13　网络拓扑结构

6）混合型拓扑

混合型拓扑可以是不规则型的网络，也可以是点-点相连结构的网络。

任务 2.3　计算机通信技术基础

计算机通信是一种以数据通信形式出现，在计算机与计算机之间或计算机与终端设备之间进行信息传递的方式。它是现代计算机技术与通信技术相融合的产物。在智能建筑中，计算机通信技术是实现建筑内部、建筑与建筑之间以及建筑与国内国外信息交流不可缺少的关键技术。计算机通信技术在未来信息高速公路网站主节点——智能建筑中的地位和作用不言而喻。

2.3.1　计算机通信技术分类

计算机通信按照传输连接方式的不同，可分为直接式和间接式两种。直接式是指将两部计算机直接相联进行通信，可以是点对点，也可以是多点通播。间接式是指通信双方必须通过交换网络进行传输。

按照通信覆盖地域的广度，计算机通信通常分为局域式、城域式和广域式 3 类。

局域式是指在一局部的地域范围内（例如一个机关、学校、军营等）建立计算机通信。局域计算机通信覆盖地区的直径在数千米以内。

城域式是指在一个城市范围内所建立的计算机通信。城域计算机通信覆盖地区的直径在十千米到数十千米。

广域式是指在一个广泛的地域范围内所建立的计算机通信。通信范围可以超越城市和国家，以至于全球。广域计算机通信覆盖地区的直径一般为数十千米到数千米乃至上万千米。

2.3.2　信息高速公路

信息高速公路是把信息的快速传输比喻为"高速公路"。所谓"信息高速公路"，就是一个高速度、大容量、多媒体的信息传输网络。其速度之快，比目前网络的传输速度高 1 万倍；其容量之大，一条信道就能传输大约 500 个电视频道或 50 万路电话。此外，信息来源、内容和形式也是多种多样的。网络用户可以在任何时间、任何地点以声音、数据、图像或影像等多媒体方式相互传递信息。

信息高速公路由干线、支线和节点构成。它是在光纤干线上将信息转换成数字信号,再经切换送到支线上,最终送到节点(用户终端)。

1)干线部分

干线部分是信息高速公路的骨架,是局域网、有线网、数据网、无线网和程控网之间的桥梁。其中,局域网包括校园网、小型企业的信息网等;有线网包括有线电视、图文电视等;数据库包括图书资料、电子书刊以及各种信息数据等组成的数据网;无线网包括卫星通信、微波通信以及移动通信组成的无线寻呼、电话网、程控交换网等。

2)支线部分

支线部分构成某个局域的现代化信息环境。以校园网为例,它可提供图书资料服务、文件服务、打印服务、行政信息管理等功能。

3)节点部分

节点部分包括各种信息的发送和接受设备,构成网络的信息环境,按照信息环境的差异可以分为各种不同的用户,如办公室信息环境、家庭信息环境等。

信息高速公路由四个基本要素组成:

(1)信息高速通道

这是一个能覆盖全国的以光纤通信网络为主的,辅以微波和卫星通信的数字化大容量、高速率的通信网。

(2)信息资源

即把众多的公用的、未用数据、图像库连接起来,通过通信网络为用户提供各类资料、影视、书籍、报刊等信息服务。

(3)信息处理与控制

这主要是指通信网络上的高性能计算机和服务器,以及高性能个人计算机和工作站对信息在输入/输出,传输,存储,交换过程中的处理和控制。

(4)信息服务对象

即使用多媒体经济,智能经济和各种应用系统的用户进行相互通信可以通过通信终端享受丰富的信息资源,满足各自的需求。

信息高速公路的主要关键技术有:通信网技术;光纤通信网(SDH)及异步转移模式交换技术;信息通用接入网技术;数据库和信息处理技术;移动通信及卫星通信;数字微波技术;高性能并行计算机系统和接口技术;图像库和高清晰度电视技术;多媒体技术。

相关技能

技能 1　认识 Honeywell 的 EBI 系统

Honeywell 公司推出的 EBI(Enterprise Buildings Integrator)系统是一套应用于楼宇集成管理的组件。不论大型楼宇系统还是小型用户,EBI 的模块化设计方案都能提供对其系统的彻底控制。EBI 的开放性使其包含有功能强大的组件,如:楼宇自控管理力系统(Building Automatic Control System),安防管理系统(Security Management System),火灾报警管理系统。其中的任何一个组件都能使人们更好地管理大楼中的每个细节,它们的强力组合提供了企业楼宇自动控制的"全景图"。

EBI 系统的特点:

①专业的图形人机交互界面;

②支持本地及远端的多个高性能工作站;

③对各类楼控设备数据的实时监控;

④强大的报警管理;

⑤提供大量的历史数据和趋势图;

⑥灵活多样的标准或用户自定义的报表;

⑦强大的应用开发技术;

⑧支持基于工业标准网络的本地及远端多客户机/服务器体系;

⑨详细安保数据与人事系统的集成;

⑩针对大型高端用户的服务器功能;

⑪热冗余功能;

⑫Internet 功能的全面支持(ActiveX 技术)。

EBI 集成系统采用服务器/客户机结构。这种网络结构被广泛地应用于计算机领域,如图 2.14所示。

客户机即 EBI 的工作站,需要数据或服务时可向 EBI 服务器申请,服务器根据工作站预制的功能及操作员的级别将提供有关数据或服务。EBI 可支持多达 40 个工作站。

EBI 支持多服务器系统,即可有多个 EBI 服务器联网,可指定一个为主服务器。如几个城市的邮电系统使用 EBI 服务器,可进行全国联网,建立一个主服务器,既可独立运行,又可集中监控,信息共享。

EBI 系统在网络数据域是由中央服务器及操作站、通信子网和相关的系统及应用软件所构成的局域网环境。该系统以标准的以太网(IEEE802.3)作为物理标准,TCP/IP 为 网络通信协议,并采用 Windows 2008 作为操作系统。

图 2.14　EBI 集成系统机构

EBI 系统的网络配置遵循分散控制、集中监视、资源和信息共享的基本原则,是一个工业化标准的集散型控制系统。系统采集及处理所有现场的实时数据,并向外围设备传输信息。现场的 IPC、SPC、DIO 等控制器均能脱离 EBI 中央服务器而独立实现全部的监控功能,不受网络或其他 DDC 的故障影响。中央控制主机通过 BAnet 可靠通信,并能实现 DDC 间的直接的同层通信,以实现各控制器间的联动控制功能。现场控制器将通过通信模块将子系统数据点经过 BAnet 上传至中央主机显示,而中央主机亦可直接控制各控制器的数据点并修改各控制器参数。

技能 2 Honeywell EBI 系统组成及功能

EBI 系统由硬件、软件和相应架构组成,它们由用户需求决定,如:用户需要的组件数量和类型,用户的平面布置,职员水平等。

1)硬件

典型的 EBI 系统由 EBI 服务器、工作站、各种控制器(包括 Honeywell 和第三方)、连接系统的通信硬件(电缆、调制解调器等)、打印机等构成。

(1)EBI 服务器

最基本的 EBI 系统中,有一部单独计算机运行 Windows NT 或者 Windows 2000 及以上系统作为 EBI 服务器和工作站。在这部计算机中同时运行着各种服务器软件,包括服务数据库、客户软件(Station,Quick Builder,and Display Builder),被用来操作并且配置系统。

最基本 EBI 系统配置如图 2.15 所示。

图 2.15 基本 EBI 系统配置图

服务器连接到控制器上,既被用作一个网络,又作为一个终端和服务器连接。控制器依次连接到传感器和输出设备上。

在较大的系统中,服务器通常通过网络连接到工作站和控制器上。一个大的 EBI 系统可能连接若干个网络工作站,如图 2.16 所示是一个基于 LAN 的局域网络典型 EBI 配置。

为了保证系统安全高效工作,有时配置冗余的服务器。冗余服务器与主服务器作相同的配置,在主服务器失效后作为备用服务器工作。如图 2.17 所示为一个有冗余服务器的双重网络系统。

(2)工作站

工作站是运行 Windows NT 或者 Windows 2000 的个人计算机,工作站使用"工作站"软件使操作员能够监控系统。在基本的系统中,工作站被配置在和服务器的同一台计算机上,称为"服务器工作站"。在较大的系统中,比如基于 LAN 的系统,工作站是和服务器不同的计算机;它们和服务器连接在同一个 TCP/IP 网络。工作站可以用键盘或者鼠标来操作,通常用鼠标点击进入,也可由一些工作站采用触敏式的面板来操作。

(3)控制器

控制器(如 HVAC 控制器,安全监控面板,PLC,DDC 等)在系统中收集被控设备数据并发送给服务器,同时接收服务器的命令。依靠内部的控制策略对被控设备进行控制管理。

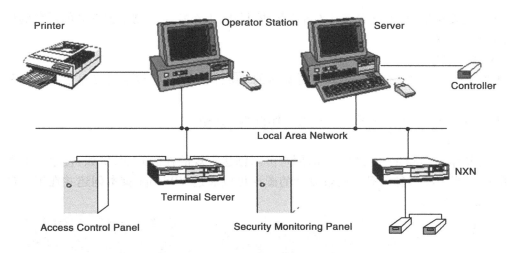

图 2.16 大型 EBI 集成系统配置图

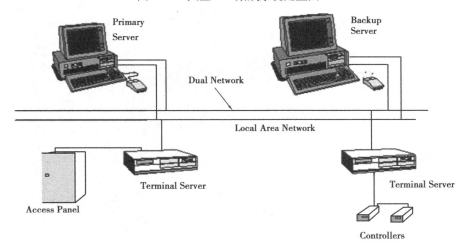

图 2.17 有冗余服务器的双重 EBI 网络系统配置图

(4)打印机

在基本的 EBI 系统中,打印机通过串行或者并行口被直接连接到服务器上。在较大的系统中,一个打印服务器使报告能够送到被连接到网络的打印机上。

2)软件

EBI 系统软件包括 EBI 服务器元件,用来配置和操作 EBI 的工具,包括 Station、Display Builder 和 Quick Builder,网络 API,Microsoft Excel,ODBC 客户端,OPC 服务器等。

(1)EBI 服务器软件

EBI 服务器软件运行在 Windows NT 或 Windows 2000 的服务器版上。它使 EBI 能够检测和控制用户的系统功能,包括监听连接控制器到服务器的通道通信的质量。

(2)Quick Builder

Quick Builder 是一个依赖用户的系统硬件项目工程点的图形工具,Quick Builder 可以运行是在服务器上,也可以运行在系统中的其他计算机上,甚至是笔记本上。Quick Builder 是在服务器数据库中配置或修改系统信息的工具,具有强大的安排、分类、过滤和选择特征。Quick

Builder 的功能包括:快速配置多样对象(点、控制器、工作站等),浏览被选择的对象的通用属性,粘贴和剪切对象等。

(3)工作站软件

工作站软件来自于包含安装和配置显示的 EBI,操作员也可以通过该显示来检测和控制工作站。

工作站软件可以运行在服务器或者操作员的工作站上。

(4)Display Builder

利用 Display Builder 中的图形库,用户可以创建常规的控制画面,例如:楼宇平面图中的门、摄像机、当前温度显示等。比较复杂的图形可以通过 VBScript 脚本创建并在工作站中运行,如图 2.18 所示。

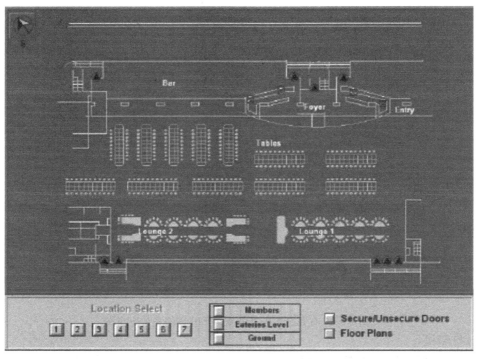

图 2.18　Display Builder 界面

Display Builder 可以运行在服务器和系统中的其他计算机上。

(5)Microsoft Excel

Microsoft Excel 交换功能允许用户合并从服务器到 Microsoft Excel 试算表的点数据和静态或动态的历史数据。利用向导使用 Microsoft Excel 数据交换可以通过简单的点击就能取回用户需要的数据。

(6)网络 API

网络应用程序接口(API)功能允许应用程序开发者通过 Visual C/C ++ 和 Visual Basic 创建网络应用。网络 API 有功能库、头文件、文档、在线帮助和范例源程序,帮助应用程序开发者创建网络应用。

实践学习

智能建筑的相关技术实训

1）实训目的

①了解计算机控制系统、计算机网路技术、计算机通信技术在智能建筑中的作用。

②掌握核心技术的原理和内容。

2）实训内容与设备

（1）实训内容

①计算机控制技术。

②计算机网络技术计算机通信技术。

③计算机通信技术。

（2）实训设备

万用表、DDC 控制器、实验室现有的智能建筑实训平台（如天煌 THBCAS-2 型实训系统）等。

3）实训步骤

①编写实训计划。

②熟练使用实训用具。

③熟悉相关技术的核心内容。

④进行操作训练。

4）实训报告

①实训过程报告。

②实训总结及体会。

5）问题拓展

①对于智能建筑，哪种技术最重要？

②参观一栋现代智能建筑，指出智能建筑相关功能是靠哪些技术实现的。

学习效果

考核项目	考核标准	分　值	得　分
实施过程	按照要求进行任务的实施过程	40	
实施结果	实施结果符合系统要求和进度安排	20	
态度	纪律性强，无缺课、迟到、早退现象	20	
创新性	设计具有独创性，设计巧妙，有新意	10	
团队合作精神	有团队合作精神、有沟通能力	10	
合　计		100	

知识小结

本项目主要介绍智能建筑的技术基础,通过对计算机控制技术、计算机网络技术、计算机通信技术以及 Honeywell EBI 集成管理组件等的学习,为后续课程的学习奠定基础。重点掌握如下内容:

(1)计算机控制系统的基本原理和分类,及其在智能建筑中的作用。

(2)计算机网络常用拓扑结构及特点。

(3)智能建筑中的通信系统。

(4)通过 Honeywell EBI 系统了解智能建筑系统集成管理系统的功能。

思考题

1. 智能建筑计算机控制系统的闭环控制原理是什么?

2. 什么是 DCS 控制系统?它的优点有哪些?

3. 描述计算机网络的星型、环型及总线型拓扑结构,画出拓扑图。

项目 **3**
智能建筑楼宇设备自动化系统

任务导入

随着科技的不断发展和进步,现代化的建筑物迅速崛起及发展,已成为国民经济迅速增长的必然条件。图 3.1 是上海浦东新区金茂大厦。而现代化建筑物的大型化、智能化和多功能化,必然导致建筑物内机电设备种类繁多,技术性能复杂,维修服务保养项目的不断增加,管理工作已非人工所能应付。因此,采用自动化监控系统技术及计算机处理已成为现代建筑最重要的管理手段。它可以大量地节省人力、能源,降低设备故障率,提高设备运行效率,延长设备使用寿命,减少维护及营运成本,提高建筑物总体运作管理水平,智能建筑楼宇设备如图 3.2 所示。

图 3.1 上海浦东新区金茂大厦

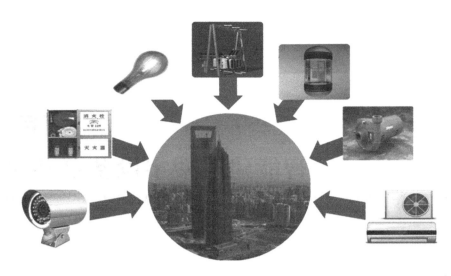

图 3.2 智能建筑楼宇设备组成

任务 3.1 BAS 认知

3.1.1 BAS 的组成及技术性能

楼宇设备自动化系统(Building Automation System)的任务是对建筑物内部的能源使用、环境、交通及安全设施进行监测、控制与管理,以提供一个既安全可靠、节约能源而又舒适宜人的工作或居住环境。楼宇设备自动化系统通常包含建筑设备监控系统、消防系统和安全防范系统3 个子系统,其组成如图 3.3 所示。

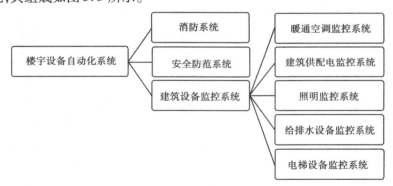

图 3.3 楼宇设备自动化系统组成

建筑设备监控系统是智能建筑的一个重要系统,是将与建筑物有关暖通空调、给排水、电力、照明、运输等设备集中监视、控制和管理的综合性系统。建筑设备监控系统由设备监控网络和所支撑的应用系统组成,按功能可分为空调与通风监控、变配电监控、照明监控、给排水监控、热源和热交换监控、冷源监控和电梯、自动扶梯监控等子系统,各子系统符合 GB/T 50314—2006。

3.1.2　BAS 监控功能

①具有对建筑机电设备测量、监视和控制功能,确保各类设备系统运行稳定、安全和可靠并达到节能和环保的管理要求。

②采用集散式控制系统(FCS,DCS)。

③具有对建筑物环境参数的监测功能。

④满足建筑物的物业管理需要。

⑤具有良好的人机交互界面及操作界面。

⑥共享所需的公共安全等相关系统的数据信息等资源。

3.1.3　BAS 的监控功能描述

1)设备控制自动化

①变配电及应急发电设备测控。

②照明设备测控。

③通风空调设备测控。

④给排水设备测控。

⑤电梯设备测控。

⑥停车场管理与控制。

2)防灾自动化

①智能消防系统。

②智能安防系统。

③防灾系统。

3)设备管理自动化

①水、电、煤气等使用计量和收费管理。

②设备运转状态记录及维护、检修的预告。

③定期通知设备维护及开列设备保养工作单。

④设备的档案管理。

⑤会议室、停车场等场所使用的预约申请、管理。

4)能源管理自动化

能源管理自动化是在不影响用户舒适性的原则下,利用传感技术和先进的运转控制技术对设备实行效率化的运转管理,以节省不必要的能源消耗。

3.1.4　BAS 检测技术

自动检测技术是以微电子技术为基本手段的检测技术,归纳起来可以分为两大类:一类是对电压、电流、阻抗等电量参数的检测;另一类则是运用一定的转换手段,把非电量(如温度、湿度、压力、流速等)转换为电量,然后进行检测。将非电量转换为电量的器件,通常称为传感器,具有信息获得、放大、转换、处理、显示和打印等功能。传感器在自动检测技术中占极为重要的地位,在某些场合成为解决实际问题的关键。非电量自动检测单元的基本结构如图 3.4 所示。

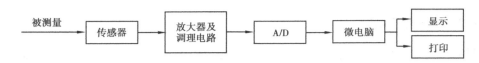

图 3.4　非电量自动检测单元的基本结构

BAS 检测仪表应选用标准化、系列化和通用化产品。考虑现场环境条件的影响，根据先进可靠、经济和实用的原则进行选择，以确保检测的准确可靠。

1）传感器的组成及定义

（1）传感器（即检测器）的定义

传感器是一种能把特定的被测量（包括物理量、化学量、生物量等）信息按一定规律转换成某种可用信号输出的器件或装置。

传感器的输出信号通常是电量，它便于传输、转换、处理、显示等。电量有很多形式，如电压、电流、电容、电阻等。输出信号的形式由传感器的原理确定。

（2）传感器的组成

传感器由敏感元件和转换元件组成。其中，敏感元件是指传感器中能直接感受或响应被测量的部分；转换元件是指传感器中将敏感元件感受或响应的被测量转换成适于传输或测量的电信号的部分。

2）传感器的分类

传感器的种类繁多，应用领域极其广泛，可从不同角度进行分类，见表 3.1。

表 3.1　传感器的分类

分类法	形　　式	说　　明
按基本效应分	物理型、化学型、生物型等	分别以转换中的物理效应、化学效应等命名
按构成原理分	结构型	以其转换元件结构参数变化实现信号转换
	物性型	以其转换元件物理特性变化实现信号转换
按能量关系分	能量转换型（自源型）	传感器输出量直接由被测能量转换而得
	能量控制型（外源型）	传感器输出量能量由外源供给，但受被测输入量控制
按作用原理分	应变式、电容式、压电式、热电式等	以传感器对信号转换的作用原理命名
按输入量分	位移、压力、温度、流量、气体等	以被测量命名（即按用途分类法）
按输出量分	模拟式	输出量为模拟信号
	数字式	输出量为数字信号

除按表 3.1 分类外，还有按构成敏感元件的功能材料分类的，如半导体传感器、陶瓷传感器、光纤传感器、高分子薄膜传感器等；或与某种高技术、新技术相结合而得名的，如集成传感器、智能传感器、机器人传感器、仿生传感器等。不同传感器的外形如图 3.5 所示。

3)传感器的技术要求

作为测量与自动控制系统的首要环节,传感器必须满足如下基本要求:

(1)灵敏度高,精度适当

灵敏度高,精度适当,即要求其输出信号与被测输入信号成确定关系(通常为线性),且比值要大,传感器的静态响应与动态响应的准确度能满足要求。

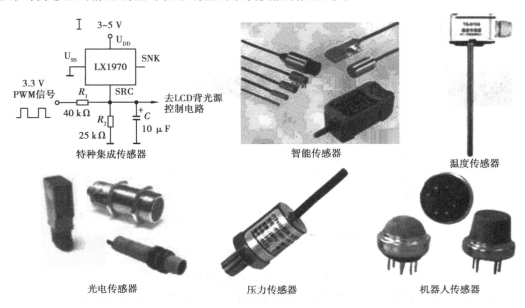

图 3.5   各种传感器

(2)足够的容量

传感器的工作范围或量程足够大,具有一定的过载能力。

(3)适用性和适应性强

体积小、质量轻,动作能量小,对被测量对象的状态影响小;内部噪声小而又不易受外界干扰和影响;其输出力求采用通用或标准形式,以便与系统对接。响应速度快,工作稳定,可靠性好。

(4)使用经济

成本低,寿命长,且便于使用、维修和校准。

4)典型的检测设备

(1)电量检测设备

电参数的检测主要是对电压、电流、功率、阻抗和波形等参数的测量。通常采用以下设备和方法进行:

①直流电压、电流的测量。其测量方法有多种,在测控系统中采用数字化测量方法,如图 3.6 所示。

测量原理:被测电压 U 经放大器进行放大或衰减,以达到标准的电压范围,实现量程变换(单极性的如 0 ~ 5 V 或 0 ~ 10 V,双极性的如 ±5 V, ±10 V),变换的标准电压可直接送到 DDC 的 AI 输入,DDC 内部经 A/D 转换器将此电压信号转变成一个数字量,该数字量乘以放大器放大或衰减系数即为被测电压的测量值。

在实际工程应用中有许多非电量需转为电量,如压力变送器、温度变送器,转换后一般为

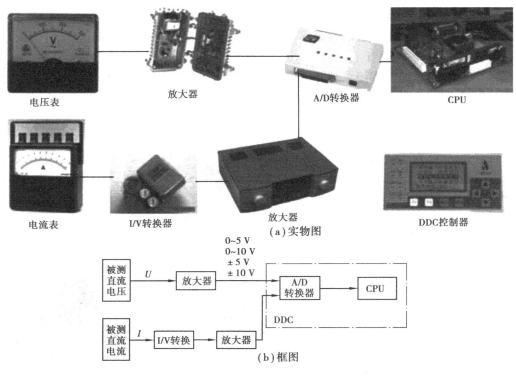

（a）实物图

0~5 V
0~10 V
± 5 V
± 10 V

（b）框图

图 3.6　直流电压、电流的检测

0~5 V 直流电压或 4~20 mA 的电流,可直接送到 DDC 的 AI 输入端进行测量。

　　②交流电压、电流的测量。在测控系统中常用数字化测量法检测交流电压、电流,如图3.7所示。

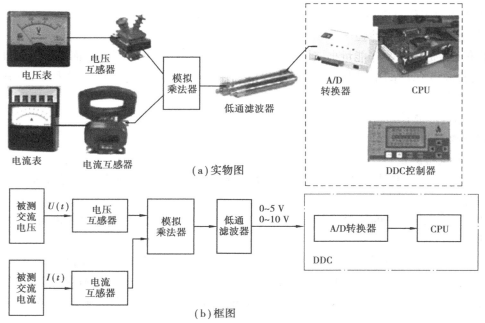

（a）实物图

0~5 V
0~10 V

（b）框图

图 3.7　正弦交流电压、电流的检测

测量步骤:首先是量程变换,由电流互感器或电压互感器完成,再经过交直流变换,最后将直流电压值测出,即可求得被测正弦交流电压、电流的有效值。

③功率的测量。功率测量过程如图 3.8 所示。

功率测量原理的核心是模拟乘法器。交流电压和电流信号经模拟乘法器相乘后即得瞬时功率信号,再经过低通滤波器得出平均功率值,这是一个直流信号,它代表被测功率的大小。测出此直流电压值即可求得被测功率的数值。

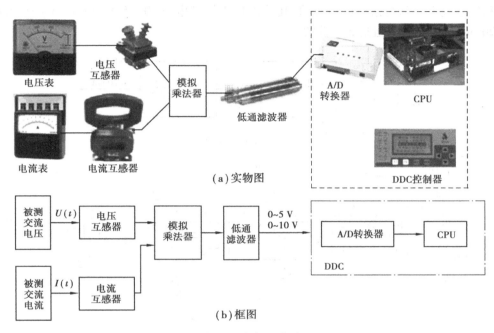

(a)实物图

(b)框图

图 3.8　功率的检测

(2)温度、湿度的检测设备

①温度的检测。温度检测仪表按检测方式可分为接触式和非接触式两大类。BA 系统中采用接触式检测方法,检测设备为铅热电阻、铜热电阻、热敏电阻、热电偶等,可对室内外气温(40~45 ℃)、风道气温(40~130 ℃)、水管内水温(0~90 ℃)进行检测。这种温度检测器在结构上有室外型、室内墙挂式、风道式和水管式等,如图 3.9 所示。

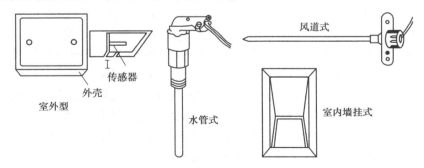

图 3.9　温度检测器的结构

热电阻温度检测器在 BA 系统中应用较多,其测量如图 3.10 所示。

热电阻规格很多,但基本上是线性器件。用以描述其线性关系的公式为:

$$R_t = R_0 + at \tag{3.1}$$

式中　　R_t——热电阻阻值;

　　　　R_0——温度为零时的阻值;

　　　　a——灵敏度;

　　　　t—时间。

由式(3.1)可知,虽然热电阻规格不同,由其线性特点说明,只有 R_0 和 a 不同,所以 R-V 变换和信号调理电路的原理是相同的,其输出均为标准电压(0~5 V,0~10 V)或标准电流 (4~20 mA),而热敏电阻是非线性的。

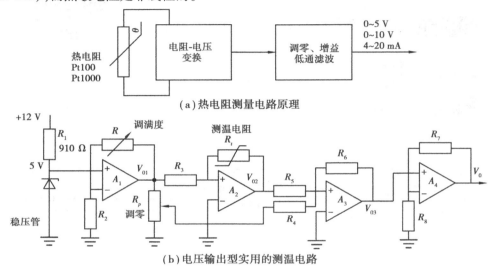

图 3.10　热电阻温度检测仪

②湿度的检测。BA 系统中对湿度的检测主要用于室内外的空气湿度和风道内空气湿度的检测。常用的湿度检测有烧结型半导体陶瓷湿敏元件、电容式相对湿度传感元件等。

检测元件是利用极板电容器的变化正比于极板间介质的介电常数来进行测量的。如果介质是空气,则其介电常数和空气相对湿度成正比。因此,电容器容量的变化与空气相对湿度的变化成正比。

电容式相对湿度传感器的测量精度可达 ±2%,测量范围为 10%~90% R.H,环境湿度一般不超过 50%,其输出可以是标准的电压(0~5 V,0~10 V)或电流(4~20 mA)。

在 BA 系统中,空调子系统中常采用热敏电阻或湿敏电阻检测,如图 3.11 所示。

③压力液体检测。在 BA 系统中,给排水子系统、冷热源子系统等可检测风道静压、供水管压、差压、水箱水位等,因此可以说压力检测在系统中占有一定位置。

除此之外,对于弹性式压力表,为了保证弹性元件在弹性变形的安全范围内可靠地工作,在选择压力表量程时必须留有余地。在被测压力较稳定的情况下,最大压力值一般应不超过满量程的 3/4;在被测压力波动较大的情况下,最大压力值应不超过满量程的 2/3。为保证测量精度,被测压力最小值应不低于全量程的 1/3 为宜。

常用压力自动检测装置位移式开环压力变送器如图 3.12 所示。

检测过程:将压力通过弹性元件变换为位移变化,再经位移检测器将位移变换成电量,最后经信号调理电路送出电压为 0~5 V 或 0~10 V,电流为 4~20 mA 的标准值。

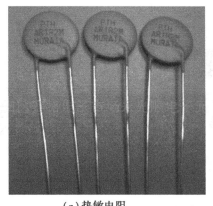

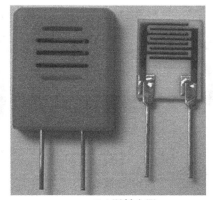

（a）热敏电阻　　　　　　　　　　　　（b）湿敏电阻

图 3.11　温、湿度检测元件

图 3.12　压力自动检测装置

弹性元件有弹簧管、波纹管、膜片以及波纹管与弹簧组合几种，如图 3.13 所示。这里仅以弹簧管为例说明弹性元件如何将压力转为位移的变化过程。

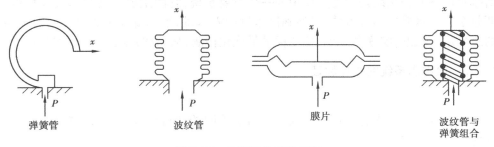

图 3.13　常用弹性元件构造

弹簧管是常用的一种弹性测压元件，它是一种弯成圆弧形的空心管子，其横截面是椭圆形的。当从固定的一端通入被测压力时，由于椭圆形截面在压力的作用下趋向圆形，使弧形弯管产生挺直的变形，其自由端产生向外的位移量。此位移虽然是一个曲线运动，但在位移量不大时可近似认为是直线运动，且位移大小与压力成正比。

④流量、容积及其检测。在冷热源子系统中，流量、容积的控制应用最多，检测方法有电磁式、速度式、容积式和节流式等。差压流量计如图 3.14（a）所示，它实质上是节流装置与差压计的配套，测量各种性质的液体、气体和蒸汽的流量。

涡轮流量计如图 3.14（b）所示。涡轮的轴装在导管的中心线上，流体流过涡轮时，推动叶片，使涡轮转动，其转速近似正比于流量 Q。

5）常用执行机构

执行机构按使用的能源种类可分为气动、电动和液动三种。在智能楼宇中常用电动执行器。执行器在系统中的作用是执行控制器的命令，直接控制能量或物料等被测介质的输送量，是自动控制的终端主控元件。执行器安装在生产现场，常年和生产工艺中的介质直接接触。

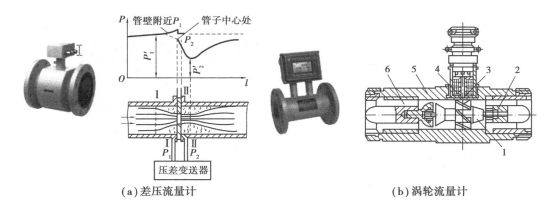

（a）差压流量计　　　　　　　　　（b）涡轮流量计

图 3.14　流量计

1—涡轮；2—磁铁；3—支承；4—线圈；5—导流体；6—壳体

执行器选择不当或维护不善时常使整个控制系统不能可靠工作,严重影响控制品质。

电动执行器有电动执行机构、电动阀、电磁阀等。

任务 3.2　给排水设备监控系统

给排水设备监控系统是智能大厦中的一个重要系统,它的主要功能是通过计算机控制及时地调整系统中水泵的运行台数,以达到供水量和需水量、来水量和排水量之间的平衡,实现泵房的最佳运行状态,实现高效率、低能耗的最优化控制,从而达到经济运行的目的。

3.2.1　给排水系统的工作原理

1）生活给水系统组成

①引入管自室外给水管网将水引入室内给水管网的连接管段,也称进户管。其中一部分在室内埋设一部分在室外埋设。

②水表节点是安装在引入管上的水表及其前后设置的阀门和泄水装置的总称。当建筑内部不允许间断供水时,水表节点应设旁通管,旁通管上设有阀门。

③给水管网包括给水水平干管、垂直立管、各楼层的水平横管和支管。

④给水附件控制附件指管道系统中调节水量、水压,控制水流方向,以及关闭水流,便于管道、仪表和设备检修的各类阀门（如截止阀、闸阀、蝶阀和止回阀等）,以及各类卫生器具上的配水附件即配水龙头等。

⑤增压和储水设备。当室外给水管网的水压、水量不能满足建筑内部用水要求,或要求水压稳定确保供水安全可靠时,应根据需要在给水系统中设置各种附属增压储水设备,比如水泵、变频调速给水装置、气压给水设备、水池、水箱等。

⑥给水局部净化设施（二次净化水入户）。当有些建筑物对给水水质要求很高、超出我国现行生活饮用水卫生标准或其他原因造成水质不能满足要求时,就需要设置一些设备、构筑物进行给水深度处理。

2）生活热水系统组成

集中热水供应系统供水范围大。热水在锅炉房或热交换站集中制备,用管网输送到一幢

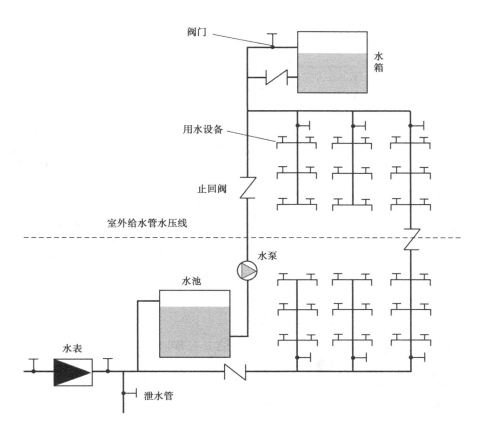

图3.15　室内给水系统组成

或几幢建筑使用。该系统适用于使用要求高、耗热量大、用水点多且比较集中的建筑,如高级居住建筑、旅馆、医院、疗养院、体育馆等公共建筑。该系统具有可集中管理、热效率高、热水成本较低、节省建筑面积、使用方便等优点,但热水管网较复杂,设备较多,管网长,热耗大,一次性投资大。

集中热水供应系统由热源、水加热器、热媒管道、热水配水管网、热水回水管网、水泵、水箱、给水附件等组成,如图3.16所示。

3)排水系统组成

(1)污废水收集器

污废水收集器指各种卫生器具、污废水排水设备、雨水斗等,是建筑内部排水系统的起点,是收集和排出污废水的设备。

(2)排水管道

排水管道包括器具排水管(指连接卫生器具或支管的一段短管,除坐式大便器外,其上安装存水弯)、横管、立管、埋地干管和排出管。

(3)通气管

通气管的作用是排除排水管道中的臭气、异味和有害气体;向排水管道内补充新鲜空气,防止管道腐蚀;平衡排水管道内的水压,保护水封,使水流通畅。

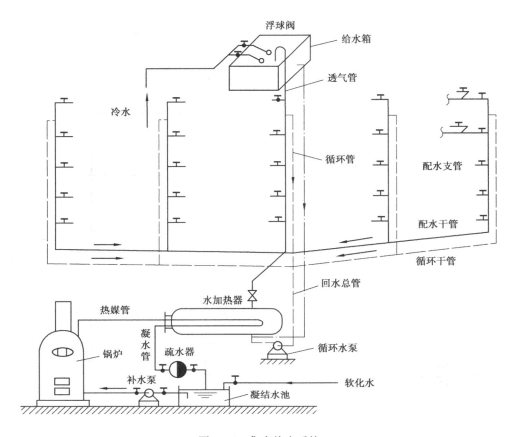

图 3.16　集中热水系统

（4）清通装置

清通装置指横管清扫口、立管检查口，是为疏通建筑内部排水管道、保障排水畅通而设置的。

（5）提升设备

工业与民用建筑的地下室、人防建筑物、高层建筑地下技术层、地下铁道、立交桥等地下建筑物的污废水不能自流排至室外时，须设污水抽升设备。

（6）污水局部处理构筑物

当建筑内部污水未经处理不能排入其他管道或市政排水管网和水体时，须设污水局部处理构筑物。

建筑内部排水系统组成如图 3.17 所示。

3.2.2　给排水系统的监控功能

建筑设备监控系统给排水监控对象主要是水池、水箱的水位和各类水泵的工作状态。例如，水泵的启停状态，水泵的故障报警以及水箱高低水位的报警等。这些信号可以用文字及图形在显示屏上显示及通过打印机把记录打印出来。

1）给水监控系统功能

①正常时，生活泵启/停控制：根据高位水箱泵的启/停水位、蓄水池的停泵水位自动控制

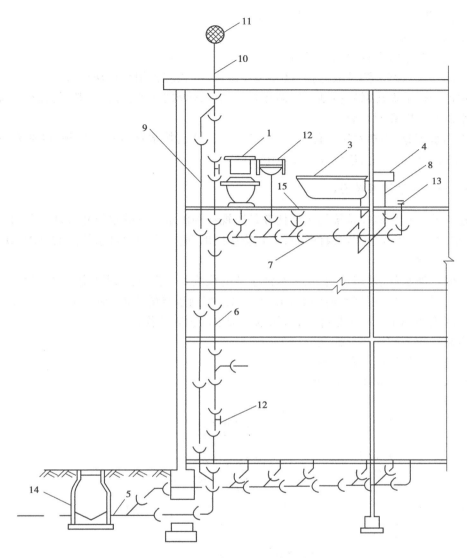

图3.17　建筑内部排水系统组成

1—大便器；2—洗脸盆；3—浴盆；4—洗涤盆；5—排出管；6—立管；7—横管；8—支管；

9—专用通气管；10—伸顶通气管；11—风帽；12—检查口；13—清扫口；14—检查井

生活泵的启/停。

②监测及报警：高位水箱达到溢流水位和最低允许水位须报警；蓄水池达到溢流水位、最低允许水位、消火栓用水达到停止水泵运行的水位均须报警；水泵故障须报警。

③气压装置压力的监测与控制。

④管理：设备运行时间累计可作为维修依据；自动确定某水泵为运行泵或备用泵；用电量累计。

2）排水监控系统功能

①正常时，污水泵启/停控制：根据污水池泵的启/停水位控制泵的启/停。

②检测及报警：污水最高报警水位须报警，并启动备用泵；水泵故障须报警。

③管理:设备运行时间累计、用电量累计。

3) 热水监控系统功能

①热水循环泵按时间程序启动/停止。

②热水循环泵状态监测及故障报警(当发生故障时,相应备用泵自动投入运行)。

③热水器与热水循环联锁控制。当循环泵启动后,热水器(炉)才能加热,控制热水温度。

④热水供水温度和回水温度的监测。

⑤对于热水部分,当热水箱水位降至低限时,连锁开启热水器冷水进口阀,以补充系统水源;当热水水位达到高限时,连锁关闭冷水进水阀。

3.2.3 给排水监控系统设计

智能建筑的给排水监控系统的主要任务是监视各种储水装置的水位和各种水泵的工作状态,按照一定的要求控制各类水泵的运行和相应阀门的动作,实现给排水管网的合理调度。

1) 生活给水系统

①地下储水池水位、楼层水池、天台水池水位的检测及当高/低水平超限时的报警。

②对于生活给水泵,根据水池(箱)的高/低水位控制水泵的启停,检测生活给水泵的工作状态和故障。当使用水泵出现故障时,备用水泵会自动投入工作。

③气压装置压力的检测与控制。

④集水井高水位的监测及报警。

生活给水监控系统如图 3.18 所示。

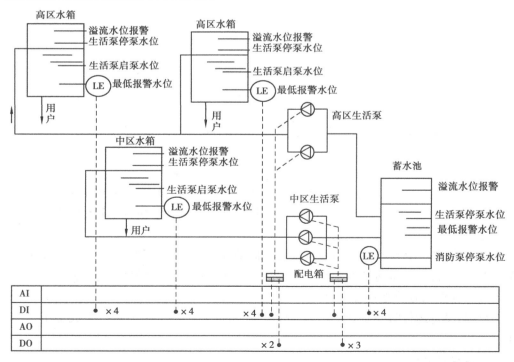

图 3.18　生活给水监控系统图

2）高位水箱给水系统

高位水箱给水系统是以水泵将水抽到最高处水箱中,以重力向给水管网配水,如图3.19所示。

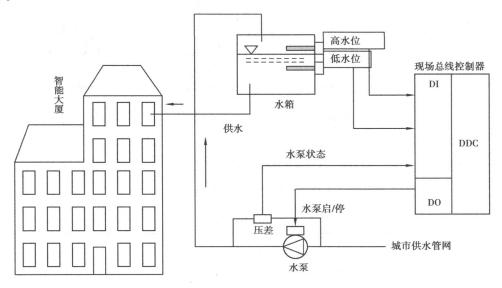

图3.19　重力给水系统示意图

监控原理:对楼顶水池(箱)水位进行监控及当高(低)水位超限时报警,根据水池(箱)水位高(低)水位控制水泵的启(停),监测给水泵的工作状态和故障。当工作水泵出现故障时,备用水泵自动投入工作。

3）气压给水系统

重力供水系统存在着水箱质量大,增加建筑负荷,占用楼层面积,产生噪声振动,对地震区的供水不利等缺点,为此可考虑压力供水系统。它不在楼层中或层顶上设置水箱,仅在地下室或某些空余之处设置水泵机组、气压水箱等设备,采用压力给水来满足建筑物供水需要。压力给水可用并联的气压水箱给水系统,也可采用无水箱的几台水泵并联给水系统。

气压给水系统是以气压(罐)水箱代替高位水箱,而气压水箱可以集中于地下室水泵房内,这样可以避免楼房设置水箱的缺点,如图3.20所示。目前大多采用封闭式弹性隔膜气压水箱(罐),可以不用空气压缩机补气,既可以节省电能又可以防止空气污染水质,有利于优质供水。

4）水泵直接给水系统

水泵直接给水系统可以采用自动控制的多台水泵并联运行,根据用水量的变化,开停不同的水泵来满足用水的需求,以达到节能的目的。

无水箱的水泵直接给水系统,最好是用于用水量变化不大的建筑物。因为是必须长时间不间断运行,即便在夜间用水量很小时,也将消耗动力,且水泵机组投资较高,需要进行技术经济比较后确定。

水泵直接供水最简便方法是采用调速水泵供水统,即根据水泵的出水量与转速成正比关系的特性,调整水泵的转速而满足用水量的变化,同时可节省动力。水泵调速有以下方法:

①采用水泵电动机可调速的联轴器;

②采用调速电动机。

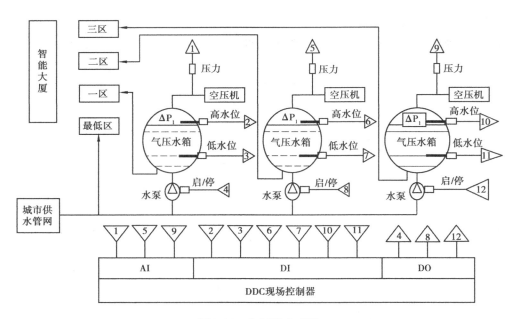

图 3.20 气压给水系统

水泵直接给水系统如图 3.12 所示。

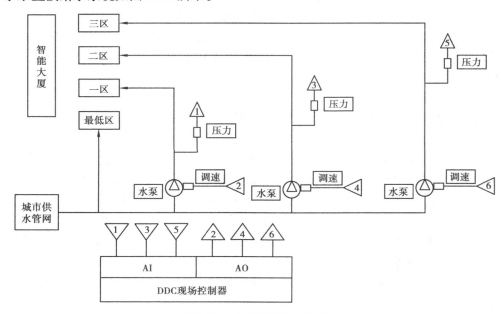

图 3.21 水泵直接给水系统

5)建筑排水监控系统

①污水集水井和废水集水井水位检测及超限报警。

②根据污水集水井与废水集水井的水位控制排水泵的启/停。当集水井的水位达到高限时,连锁启动相应的水泵。

③排水泵运行状态的检测以及发生故障时报警。

排水监控系统如图 3.22 所示。

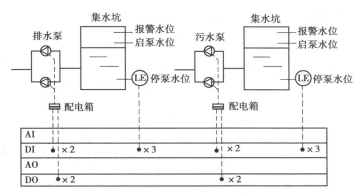

图3.22 生活排水监控系统

任务3.3 暖通空调监控系统

良好的空调环境是智能建筑环境舒适性的重要条件之一。要形成良好的空调环境,必须有合适的温度、湿度控制,均匀的气流组织分布,良好的室内空气品质,符合要求的噪声控制。

暖通空调系统是智能建筑设备系统中最主要的组成部分,其作用是保证建筑物内具有舒适的工作、生活环境和良好的空气品质。

暖通空调系统是一个极复杂的系统,其中有来自于人、设备散热和气候等原因的干扰,调节过程和执行器固有的非线性和滞后各参量和调节过程的动态性,楼宇内人员活动的随机性等诸多因素的影响。对这样一个复杂的系统,为了节约和高效,必须进行全面管理而实施监控。

3.3.1 暖通空调系统的工作原理

1)空调系统组成

空调系统一般包括进风、过滤、热湿处理、输送和分配、冷热源几部分,如图3.23所示。

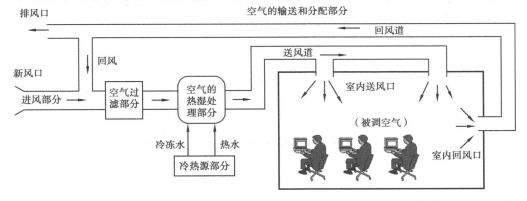

图3.23 空调系统组成

2)空调系统的分类

(1)集中空调系统

集中空调系统的所有空气处理设备(包括风机、冷却器、加热器、加湿器、过滤器等)都设在一个集中的空调机房内,如图3.24所示。

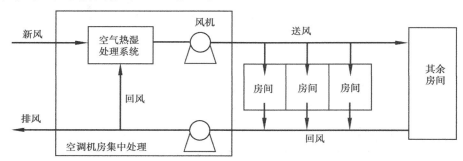

图3.24　集中式空调系统

（2）半集中空调系统

在半集中空调系统中,除了集中空调机房外,还设有分散在被调节房间的二次设备(又称末端装置),如图3.25所示。这种也是智能建筑应用最广泛的空调系统方式。

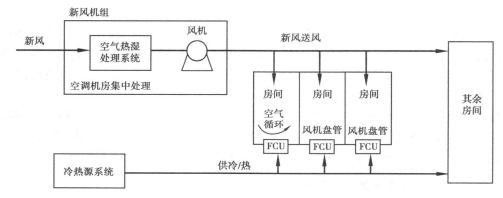

图3.25　半集中空调系统

（3）集中供冷/热,分散控制式空调系统

还有一类全分散空调系统如图3.26所示,是集中供冷/热,分散控制式空调系统,在大型建筑群的空调系统中多有应用,如图3.27所示。

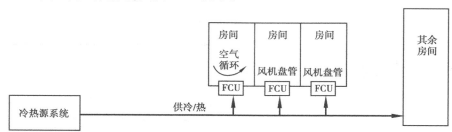

图3.26　集中供冷/热,分散控制式空调系统

3.3.2　空调设备监控系统功能

1）新风机组的监控

①监测送风温湿度。

②由风压差开关测量风机两侧压差,监视风机运行状态,异常即报警,并记录风机累计运

图 3.27　某大学城集中供冷/分散控制式空调系统

行时间。

　　③监测风机故障报警。

　　④由风压差开关测量空气过滤器两侧压差,压差超过设定值时报警,以尽快进行维护工作。

　　⑤风机启停控制。

　　⑥调节冷水阀门开度。

　　⑦控制加湿阀开关。

　　⑧控制新风阀门开度。

　　2)空调机组

　　①监测送回风或室内温度、湿度。

　　②由风压差开关测量风机两侧压差,监视风机运行状态,异常即报警,并记录风机累计运行时间。

　　③监测风机故障报警。

　　④由风压差开关测量空气过滤器两侧压差,压差超过设定值时报警,以尽快进行维护工作。

　　⑤风机启停控制。

　　⑥根据设定温度值调节冷、热水阀门开度。

　　⑦控制新风阀门开度。

3）冷热源系统

①监测冷冻水总供回水温度及总回水流量。

②监测冷冻水供回水旁通压力差值。

③监测冷却水总回水温度。

④监测冷却塔供回水温度。

⑤监测冷冻机组、冷冻水泵、冷却塔风扇及冷却水泵运行状态并记录累计运行时间。

⑥监测冷冻机组、冷冻水泵、冷却塔风扇及冷却水泵运行状态和故障报警。

⑦监测冷冻水膨胀水箱高低水位报警。

⑧调节冷冻水及冷却水旁通阀门开度。

⑨冷冻机组、冷冻水泵、冷却塔风扇及冷却水泵启停控制。

⑩控制冷冻机组、冷却水及冷冻水路电动阀门开关。

⑪为了达到各冷却塔水位平衡及节省能源，控制冷却塔电动阀门开关。

3.3.3　暖通空调监控系统设计

1）空调与冷热源系统

空气热湿处理系统主要由风门驱动器、风管式温度传感器、湿度传感器、压差报警开关、二通电动调节阀、压力传感器及现场控制器等组成。其系统框图如图 3.28 所示，完成以下监控功能：

①将回风管内的温度与系统设定值比较，用 PID 方式调节冷热水电动阀开度，调节冷冻水或热水流量，保持回风温度在设定范围内。

②检测回风管、新风管的温度与湿度，计算新风与回风焓值，按回风和新风比例控制回风门和新风门的开度，从而达到节能效果。

③检测送风管内的湿度值与系统设定值进行比较，用 PI 调节控制湿度电动调节阀，使送风湿度保持在所需范围内。

④测量送风管内接近尾部的送风压力，调节送风机的送风量，以确保送风管内有足够的风压。

⑤风机的启动和停止控制，风机运行状态的检测及故障报警，过滤网堵塞报警等。

当室温过高时，空调系统通过循环方式把房间里的热量带走，以维持室内温度于一定值。当循环空气通过热湿处理系统时，高温空气经过冷却盘管进行热交换，盘管吸收空气中的热量，使空气降温，再将冷却后的循环空气吹入室内。要使室内温度升高，需以热水进入风机盘管，空气加热后送入室内。空气冷却后有水析出，相对湿度减少。要增加湿度，可进行喷水或喷蒸汽，进行加湿处理。

2）通风控制

通风风机控制方案如图 3.39 所示，它主要完成风机控制、过滤器报警和风机故障报警的功能。

3）中央制冷监控系统

中央制冷监控系统主要是对冷却塔及其进水时间，冷却水泵、冷水机及其冷却和冷冻进水碟阀、出水水流开关、冷冻水泵、冷却总供水和总回水温度，冷冻总供水和总回水温度及其之间的压差、冷冻水总回水流量、旁通调节水阀的监控等，如图 3.30 所示。

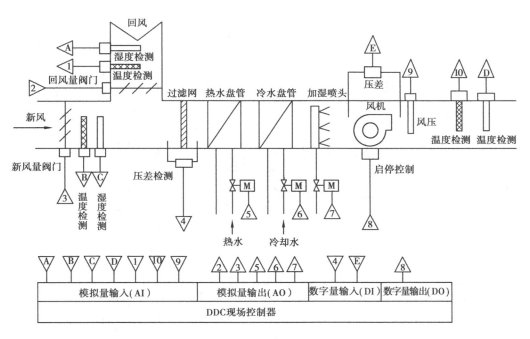

图 3.28　空气热湿处理系统框图

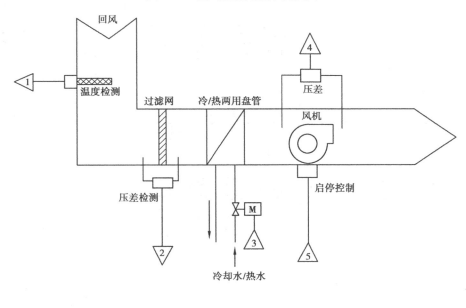

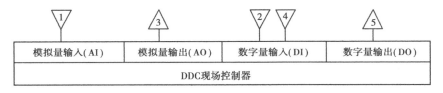

图 3.29　通风控制系统

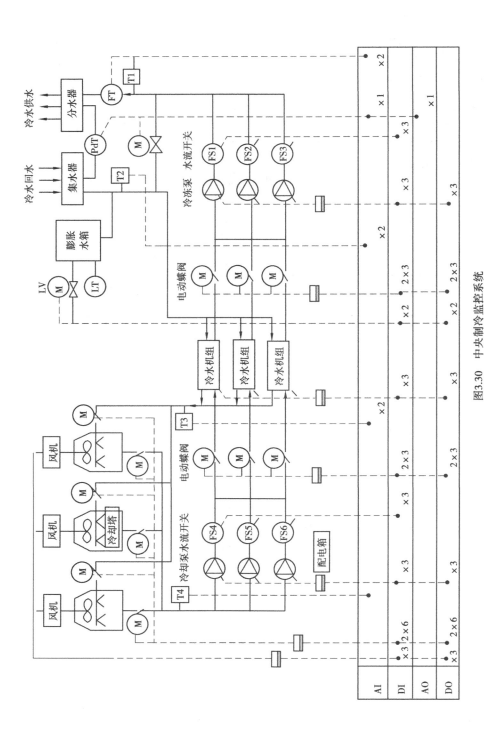

图3.30 中央制冷监控系统

任务 3.4　建筑供配电监控系统

3.4.1　智能楼宇对供配电系统的要求

1)常用的供电方案

智能楼宇一般采用双电源进线,即要求有两个独立的电源。常用的供电方案有以下五种:

①双电源明备用方式,如图 3.31 所示。正常时,两路高压电源一路备用,一路使用。当正常电源发生事故停电时,另一路备用电源自动投入使用。

②双电源暗备用方式,如图 3.32 所示。正常时,两路高压电源互为备用,同时工作。当其中一路发生事故停电时,由母线联络断路器对故障回路供电。

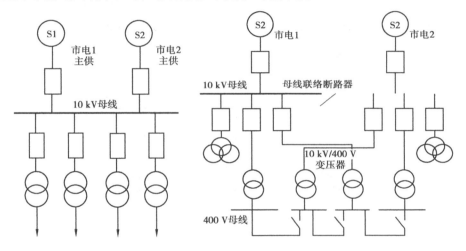

图 3.31　双电源明备用方式　　　　图 3.32　双电源暗备用方式

③双电源环网供电方式,如图 3.33 所示。两路电源来自变电所的不同母线或不同的变电所。正常时,1QF、2QF 断路器闭合,3QF 断路器断开,形成运行状态。当某一环节发生事故时,合上 3QF 断路器,操作其相应的开关,恢复对故障部位的供电。

④双电源闭式环网供电方式,如图 3.34 所示。每一变电所内两台变压器来自不同电源的闭式环,同时变压器低压侧再联络开关,因此供电可靠性大大提高。

⑤网络式供电方式,如图 3.35 所示。为了提高供配电系统的可靠性,目前国外采用一种网络式供电方案。网络式供电是以 2~4 台变压器为核心,连接在同一母线上,组成一个网络,向一个电能用户供电。

2)低压配电方式

低压配电的接线方式可分为放射式和树干式两大类。放射式配电是一独立负荷或一集中负荷均由一单独的配电线路供电,它一般用在下列低压配电场所:

①供电可靠性高的场所。

②单台设备容量较大的场所。

③容量比较集中的地方。

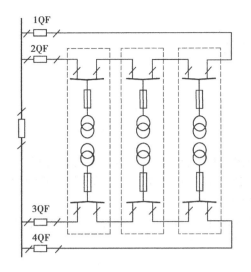

图 3.33 双电源环网供电接线图

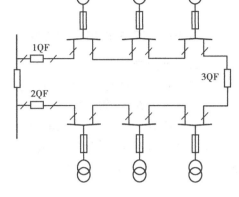

图 3.34 双电源闭式环网供电接线

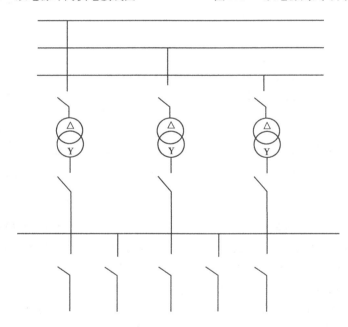

图 3.35 网络式供电方案

对于大型消防泵、生活水泵和中央空调的冷冻机组,一是供电可靠性要求高,二是单台机组容量较大,因此考虑以放射式专线供电。

对于楼层用电量较大的大厦,有的也采用一回路供一层楼的放射式供电方案。

树干式配电是一独立负荷或一集中负荷按它所处的位置依次连接到某一条配电干线上。

树干式配电所需配电设备及有色金属消耗量较少,系统灵活性好,但干线故障时影响范围大,一般适用于用电设备比较均匀、容量不大又无特殊要求的场合。

国内外智能楼宇低压配电方案基本上都采用放射式,楼层配电则为混合式。混合式即放射-树干的组合方式,如图 3.36 所示。有时也称混合式为分区树干式。

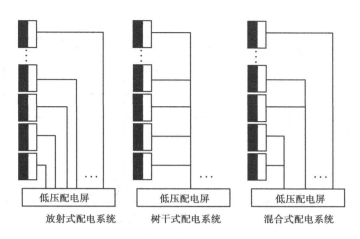

放射式配电系统　　　　树干式配电系统　　　　混合式配电系统

图 3.36　低压配电方式

3.4.2　供配电系统及其监控功能

1）监测功能

①高低压进线、出线与中间联络断路器状态检测和故障报警;电压、电流、功率、功率因数的自动测量、自动显示及报警。

②变压器二次电压、电流、功率、温升的自动测量、自动显示及高温报警。

③直流操作柜中交流电源主进线开关状态监视,直流输出电压、电流等参数的测量、显示与报警。

④备用电源系统,包括发电机启动及供电断路器工作状态监视与故障报警,电压、电流、有功功率、无功功率、功率因数、频率、油箱液位、进口油压、冷却出水水温和水箱水位等参数的自动测量、自动显示及报警。

2）控制功能

①高低压断路器、开关设备按顺序自动接通、分断。

②高低压母线联络断路器按需要自动接通、分断。

③备用柴油发电机组及其配电柜开关设备按顺序自动合闸,转换为正常供配电方式。

④大型动力设备定时启动、停止及顺序控制。

⑤蓄电池设备按需要自动投入及切断。

⑥变压器运行台数的控制,节约用电量经济值监控,功率因数补偿控制及停电复电的节能控制。

3.4.3　建筑供配电监控系统设计

低压配电监控系统由传感器、执行器及 DDC 控制器等组成。控制器通过温度传感器、电压变送器、电流变送器、功率因数变送器自动检测变压器线圈温度、电压、电流和功率因数等参数,并将各参数转换成电量值,经由数字量输入通道送入计算机,显示相应的电压、电流数值和故障位置,并可检测电压、电流,累计用电量。

其监控原理是将各种传感器接至相应监测点,各点信息经由传感器转换为电量信号送入控制器,经过控制器的参数比较、计算后送入中央控制系统,如图 3.37 和图 3.38 所示。

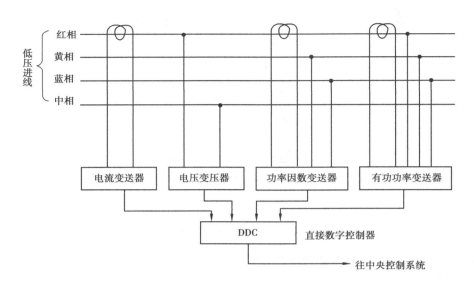

图 3.37　低压配电监控系统图

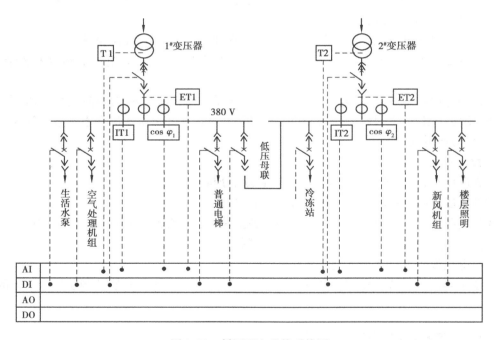

图 3.38　低压配电监控系统图

为保证消防泵、消防电梯、紧急疏散照明、防排烟设施、电动防火帘等消防用电,必须设置自备应急发电机组,按一级负荷对消防设施供电。发电机组启动迅速、自启动控制方便,市电网停供电能在 10 ~ 15 s 内接通应急负荷,适合作应急电源。对柴油发电机组的监控,包括电流、电压等参数检测,机组运行状态监视,故障报警和能源供应检测等,如图 3.39 所示。

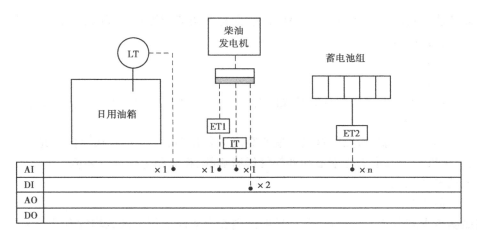

图3.39　应急柴油发电机与蓄电池组的监控原理图

任务3.5　照明监控系统

照明系统是建筑物的重要组成部分,是提供良好舒适的工作和生活环境的重要保证。照明设计的优劣除了影响建筑物的功能外,还影响建筑艺术的效果。

3.5.1　照明控制原理

室内照明系统由照明装置及其电气部分组成。照明装置主要是灯具,照明装置的电气部分包括照明开关、照明线路及照明配电盘等。

照明的基本功能是创造一个良好的人工视觉环境。在一般情况下是以"明视条件"为主的功能性照明,在那些突出建筑艺术的厅堂内,照明的装饰作用需要加强,成为以装饰为主的艺术性照明。

智能楼宇是多功能的建筑,不同用途的区域对照明有不同的要求,因此应根据使用的性质及特点,对照明设施进行不同的控制。控制系统包括楼宇各层的照明配电箱、事故照明配电箱以及动力配电箱,其监控功能包括根据季节的变化,按时间程序对不同区域的照明设备分别进行开、启控制;正常照明供电出现故障时,该区域的事故照明立即投入运行;发生火灾时,按事件控制程序关闭有关的照明设备,打开应急灯;有安防报警时,将相应区域的照明灯打开。

智能照明控制器可通过网络与中央监控室交换各种监控信息,当大厦有特殊情况时,照明设备可作出相应的联动配合动作。

1)智能建筑对照明系统的要求

(1)智能建筑对照明系统的要求

①为了保证建筑物内各区域的光度和视觉而对灯光进行控制;

②以节能为目的对照明进行控制,实现照明节能控制。

(2)照明监控系统的任务

①为保证建筑物内各区域的照度及视觉环境而对灯光进行控制,称为环境照度控制,通常采用定时控制、合成照度控制等方法来实现。

②以节能为目的对照明设备进行的控制,简称照明节能控制,有区域控制、定时控制、室内检测控制三种控制方式。

2)环境照度控制

(1)定时控制

事先设定好各照明灯具的开启和关闭时间,以满足不同阶段的照度需要,灵活性差。

(2)合成照度控制

根据自然光的强弱,对照明灯具的发光亮度进行调节,既可充分利用自然光,达到节能的目的,又可提供一个基本不受季节和外部气候影响的、相对稳定的视觉环境。

3)照明节能控制

(1)区域控制

将照明范围划分为若干个区域,在照明配电盘上对应于每个区域均设有开关装置,这些开关装置接收照明监控系统的控制。

(2)定时控制

对于那些有规律的使用场所,以一天为单位,设定照明控制程序,自动地定时开启或关断照明灯具,防止灯具长期点亮带来的能源浪费。

(3)室内检测控制

利用光电、红外等传感器,检测照明区域内地人员活动情况。一旦人员离开该区域,照明监控系统则依照程序中预先设定的时间延迟。待人员离开该区域一段时间后,自动切断照明配电盘中相应的开关装置,达到节能的目的。

4)照明监控系统的工作原理

大楼内照明也是进行智能化管理的项目之一。对照明实施监控,主要是为了更好地节约能源,利用预先安排好的时间程序对照明进行自动控制。

照明监控系统的工作原理如图 3.40 和图 3.41 所示。室外天然光传感器等检测元件将各部位检测的相关值送到 DDC 的模拟输入点(AI),各照明开关的状态送到 DDC 的数字输入点(DI),而 DDC 的输出信号(DO)控制照明开关。

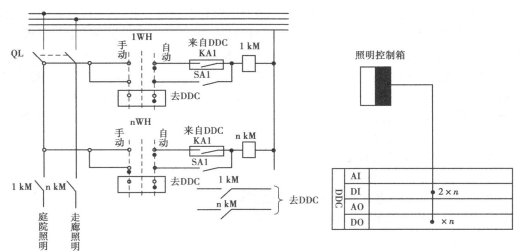

图 3.40　照明监控原理示意图

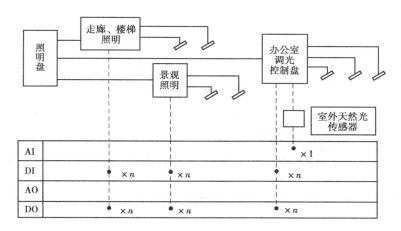

图 3.41　照明监控系统原理图

3.5.2　照明控制系统功能

照明系统监控功能应满足多方面的要求,有以下几方面。

①办公室照明监控:对正常工作日、双休日、节假日采用不同的时间控制;根据照度传感器等采集的数据进行调光控制,实施启停控制、监视运行状态、故障报警、累计运行时间。

②公共部位照明监控:门庭、走道、楼梯等采用室外照度及定时程序控制,实施启停控制、监视运行状态、故障报警、累计运行时间。

③节日、室外、航空障碍灯照明监控:采用时间程序控制,实施启停控制(其中泛光照明只是在节假日中投入)、监视运行状态、故障报警、累计运行时间。

④正常照明和应急照明的自动切换:正常电源有故障时,自动切换到应急照明。

⑤接待厅、餐厅、会议厅、休闲室、娱乐场所按照时间安排控制灯光和场景。

⑥庭院灯照明控制。

⑦泛光照明控制。

⑧停车场照明控制。

具体监控功能包括下述内容:

①根据季节的变化,按时间程序对不同区域的照明设备分别进行开/停控制。

②正常照明供电出现故障时,该区域的事故照明立即投入运行。

③发生火灾时,按事件控制程序关闭有关的照明设备,打开应急灯。

④有保安报警时,将相应区域的照明灯打开。

⑤节能照明、艺术照明等。

3.5.3　照明监控系统设计

照明监控系统能实现场景预设、亮度调节、软启动软关断等复杂的照明控制功能。其智能控制方式不仅能营造室内舒适的视觉环境,更能节约大量能源,其特点有:

①使照明系统运行在全自动状态。

②照明设备的联动功能。

③可观的节能效果。

④延长灯具寿命。

⑤提高管理水平,减少维护费用。

常见智能照明控制系统有如图3.42至图3.45所示几种。

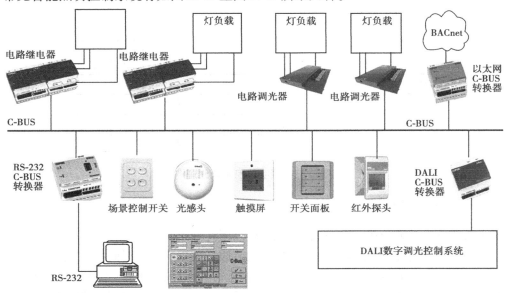

图 3.42　C-BUS 智能照明控制系统结构图

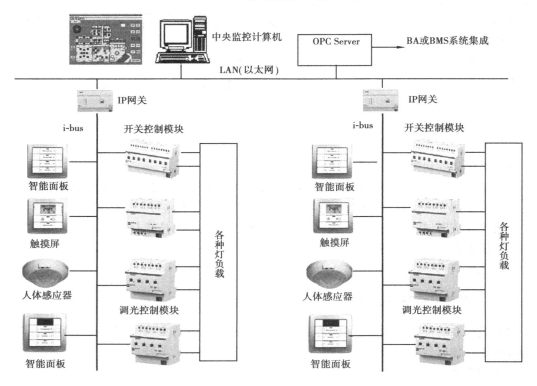

图 3.43　i-bus 智能照明控制系统结构图

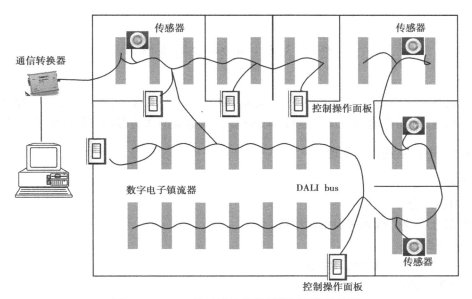

图 3.44　DALI 单区域智能照明控制系统结构图

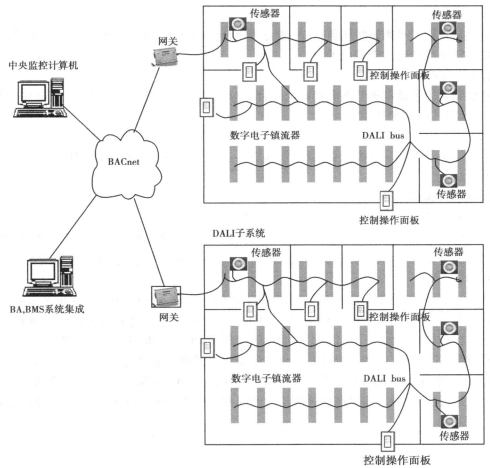

图 3.45　DALI 多区域智能照明控制系统结构图

任务 3.6 电梯监控系统

电梯是高层建筑的重要设备之一,一座大厦的电梯少则几部,多则几十部。智能建筑对电梯的启动加速、制动减速、正/反向运行、调速精度、调速范围和动态响应都提出了更高的要求。

3.6.1 电梯系统工作原理

1)电梯的主要组成

(1)拽引部分

拽引部分由拽引机和拽引钢丝组成。

(2)引导部分

引导部分由导轨和导轨架组成。

(3)轿箱和轿门

轿箱由轿架、轿底、轿壁和轿门组成。

(4)对重装置

对重装置用于平衡轿轿厢负荷,一般为轿箱自重加 0.4 ~ 0.5 倍电梯额定载重量,它是用几十块铸铁块放于对重架构成的。

(5)补偿装置

补偿装置用于抵消钢丝绳和控制电缆自重对电动机负载的影响。通常,当电梯提升高度超过 35 m 时才需要加补偿链。

(6)电器设备及控制装置

电气设备及控制装置由拽引电动机、选层器、传动及控制柜、轿厢操作盘、呼梯按钮和停站指示器等组成。

2)电梯的工作原理

对电梯系统的要求是:安全可靠、启制动平稳、感觉舒适、平层准确、候梯时间短、节约能源。智能建筑对电梯的启动加速、制动减速、正、反向运行、调速精度、调速范围和动态响应都提出了更高的要求,因此,应该选择自带计算机控制系统的动态系统,并且应留有与 BAS 的相应信息接口。

试验表明,人的感觉与速度无关,而取决于加(减)速度 a 和加(减)速度变化率 ρ。电梯加速上升或减速下降时,人会产生超重感,电梯加速下降或减速上升时则会产生失重感,人对失重的感觉比对超重更加不适。因此,为满足感觉舒适、平层准确并且尽可能缩短运行时间、提高运行效率,选择适当的加速度及其变化率是非常重要的。电梯运行速度曲线 v 如图 3.46 所示,即在启动加速段和减速制动段皆为抛物线、中间为直线的抛物线 – 直线综合速度曲线。为实现上述运行速度曲线,需要产生速度给定曲线并进行速度闭环控制,以采用计算机控制系统为宜。

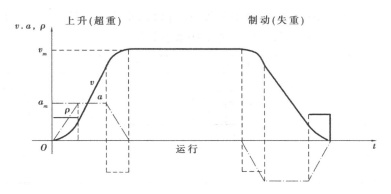

图3.46 电梯运行速度曲线图变化曲线

3.6.2 电梯监控系统功能

1）按时间程序设定的运行时间表监控

（1）运行状态监视

包括：启动/停止状态、运行方向、所处楼层位置等，通过自动检测并将结果送入 DDC 控制器，动态地显示出各台电梯地实时状态。

（2）故障检测

包括：电动机、电磁制动器等各种装置出现故障后，自动报警，并显示故障电梯地地点、发生故障时间、故障状态等。

（3）紧急状态检测

通常包括：火灾、地震状态检测、发生故障时是否关人等，一旦发现，立即报警。

2）多台电梯群控管理

群控系统能对运行区域进行自动分配，自动调配电梯至运行区域地各个不同服务区段。群控管理可大大缩短候梯时间，改善电梯交通地服务质量，最大限度地发挥电梯作用，使之具有理想的适应性和交通应变能力。

3）配合消防系统协同工作

发生火灾时，普通电梯直驶首层、放客，切断电梯电源；消防电梯由应急电源供电，在首层待命。

4）配合安全防范系统协同工作

可按接到的安全信号，根据保安级别自动行驶到规定楼层，并对轿箱门进行监控。

3.6.3 电梯监控系统设计

电梯的监控对象包括电梯的启停、升降楼层、电梯的运行状态、故障报警以及楼宇发生火灾时强制电梯降到底层和切断电梯电源连锁控制动作。对电梯的监视点均为开关量输入，包括：

①电梯现在所在楼层、运行方向、是否停机等电梯状态信息。

②在电梯发生故障时应产生声光报警信号。

③显示电梯轿箱内人员状况。

④电梯系统与消防报警的联动。

⑤对自动扶梯,其监控点除与电梯类似外,还有自动扶梯的启停状态、自动扶梯的控制方式是手动还是自动、自动扶梯运行高峰时的工作状态等信息。

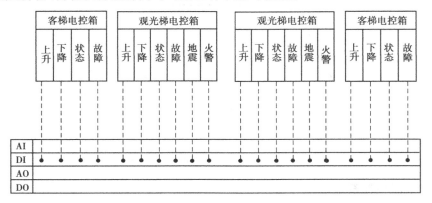

图 3.47　电梯监控系统

任务 3.7　安全防范系统

"安全防范"是公安保卫系统的专门术语,是指以维护社会公共安全为目的,防入侵、防破坏、防火、防爆和安全检查等措施。而为了达到防入侵、防盗、防破坏等目的,智能建筑采用了电子技术、传感器技术、通信技术、自动控制技术、计算机技术为基础的安全防范器材与设备,并将其构成一个系统,由此应运而生的安全防范技术逐步发展成为一项专门的公安技术学科。

智能化楼宇包括党政机关、军事、科研单位的办公场所,也包括文物、银行、金融、商店、办公楼、展览馆等公共设施,涉及社会的方方面面,这些单位与场所的安全保卫工作很重要,是安全防范技术的重点。

3.7.1　安全防范系统的构成

智能建筑的安全防范系统是智能建筑设备管理自动化一个重要的子系统,是向大厦内工作和居住的人们提供安全、舒适及便利工作生活环境的可靠保证。

智能建筑的安全防范系统一般共有 6 个系统组成,其基本框架描述如图 3.48 所示,闭路电视监控和防盗报警系统是其中两个最主要的组成部分。

图 3.48　安全防范系统框图

1)闭路电视监控系统(CCTV)

CCTV 的主要任务是对建筑物内重要部位的事态、人流等动态状况进行宏观监视、控制,以便对各种异常情况进行实时取证、复核,达到及时处理的目的。

2）防盗报警系统

对于重要区域的出入口、财物及贵重物品库的周界等特殊区域及重要部位,需要建立必要的入侵防范警戒措施,这就是防盗报警系统。

3）巡更系统

安保工作人员在建筑物相关区域建立巡更点,按所规定的路线进行巡逻检查,以防止异常事态的发生,便于及时了解情况,加以处理。

4）通道控制系统

它对建筑物内通道、财物与重要部位等区域的人流进行控制,还可以随时掌握建筑物内各种人员出入活动情况。

5）访客对讲(可视)、求助系统

也可称为楼宇保安对讲(可视)、求助系统,适用于高层及多层公寓(包括公寓式办公楼)、别墅住宅的访客管理,是保障住宅安全的必备设施。

6）停车库管理系统

停车库管理系统对停车库/场的车辆进行出入控制、停车位与计时收费管理等。

3.7.2 安全防范系统常用设备

1）云台

云台是两个交流电组成的安装平台,可以向水平和垂直方向运动。控制系统在远端可以控制其云台的转动方向。云台有多种类型:按使用环境分为室内型和室外型(室外型密封性能好,防水、防尘,负载大);按安装方式分为侧装和吊装(即云台是安装在天花板上还是安装在墙壁上);按外形分为普通型和球型。球型云台是把云台安置在一个半球形、球形防护罩中,除了防止灰尘干扰图像外,还具有隐蔽、美观、快速的优点。

2）监视器

监视器是监控系统的标准输出,用来显示前端送过来的图像。监视器分彩色、黑白两种,尺寸有 9、10、12、14、15、17、21 in 等,常用的是 14 in(1 in = 2.54 cm)。监视器也有分辨率,同摄像机一样用线数表示,实际使用时一般要求监视器线数要与摄像机匹配。另外,有些监视器还有音频输入、S-video 输入、RGB 分量输入等,除了音频输入监控系统会用到外,其余功能大部分用于图像处理。

3）视频放大器

当视频传输距离比较远时,最好采用线径较粗的视频线,同时可以在线路内增加视频放大器增强信号强度达到远距离传输目的。视频放大器可以增强视频的亮度、色度和同步信号,但线路内干扰信号也会被放大,另外,回路中不能串接太多视频放大器,否则会出现饱和现象,导致图像失真。

4）视频分配器

一路视频信号对应一台监视器或录像机,若想一台摄像机的图像送给多个管理者看,最好选择视频分配器。因为并联视频信号衰减较大,送给多个输出设备后由于阻抗不匹配等原因,图像会严重失真,线路也不稳定。视频分配器除了阻抗匹配,还有视频增益,使视频信号可以同时送给多个输出设备而不受影响。

5）视频切换器

多路视频信号要送到同一处监控,可以每一路视频对应一台监视器。但监视器占地大,价格贵,如果不要求时时刻刻监控,可以在监控室增设一台切换器。把摄像机输出信号接到切换器的输入端,切换器的输出端接监视器。切换器的输入端分为2、4、6、8、12、16路,输出端分为单路和双路,而且还可以同步切换音频(视型号而定)。切换器有手动切换、自动切换两种工作方式。手动方式是想看哪一路就把开关拨到哪一路;自动方式是让预设的视频按顺序延时切换,切换时间通过一个旋钮可以调节,一般为1~35 s。切换器在一个时间段内只能看输入中的一个图像。要在一台监视器上同时观看多个摄像机图像,则需要用到画面分割器。

6）画面分割器

画面分割器有4分割、9分割、16分割几种,可以在一台监视器上同时显示4、9、16个摄像机的图像,也可以送到录像机上记录。4分割是最常用的设备之一,其性能价格比也较好,图像的质量和连续性可以满足大部分要求。大部分分割器除了可以同时显示图像外,也可以显示单幅画面,可以叠加时间和字符,设置自动切换,联接报警设备等。

7）录像机

监控系统中最常用的记录设备是民用录像机和长延时录像机。延时录像机可以长时间工作,可以录制24 h(用普通VHS录像带)甚至上百小时的图像;可以连接报警设备,收到报警信号自动启动录像;可以叠加时间日期,可以编制录像机自动录像程序,以选择录像速度,录像带到头后是自动停止还是倒带重录等。

8）探测器

探测器也称为入侵探测器,是用于探测入侵者移动或其他动作的器件,可称为安防的“哨兵”。

9）控制器

报警控制器由信号处理器和报警装置组成,是对信号中传来的探测信号进行处理,判断出信号中“有”或“无”危险信号,并输出相应的判断信号。若有入侵者侵入的信号,处理器会发出报警信号,报警装置发声光报警,引起保安人员的警觉,或起到威慑入侵者的作用。

10）报警中心

为实现区域性的防范,可把几个需要防范的区域连接到一个接警中心,称为报警中心。

3.7.3 安全防范系统功能

1）防盗入侵报警系统

智能建筑的入侵报警系统负责对建筑内外各个点、线、面和区域的侦测任务。它一般由探测器、区域控制器和报警控制中心3个部分组成。

入侵报警系统的结构如图3.49所示。最底层是探测器和执行设备,负责探测人员的非法入侵,有异常情况时会发出声光报警,同时向区域控制器发送信息。区域控制器负责下层设备的管理,同时向控制中心传送相关区域内的报警情况。一个区域控制器和一些探测器、声光报警设备就可以组成一个简单的报警系统,但在智能建筑中还必须设置监控中心。监控中心由微型计算机、打印机与UPS电源等部分组成,其主要任务是对整个防盗报警系统的管理和系统集成。

目前,防盗入侵报警器主要有以下几种:开关式报警器、主动与被动红外报警器、微波报警

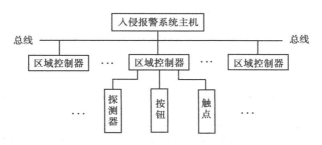

图 3.49　入侵报警系统结构

器、超声波报警器、声控报警器、玻璃破碎报警器、周界报警器、视频报警器、激光报警器、无线报警器、振动及感应式报警器等,它们的警戒范围各不相同,有点控制型、线控制型、面控制型、空间控制型之分,见表 3.2。

表 3.2　按报警器的警戒范围分类

序　号	警戒范围	报警器种类
1	点控制型	开关式报警器
2	线控制型	主动式报警器、激光报警器
3	面控制型	玻璃破碎报警器、振动式报警器
4	空间控制型	微波报警器、超声波报警器、被动红外报警器、声控报警器、视频报警器、周界报警器

此外,还有诸如各种类型的汽车防盗报警器、防抢防盗安全包、安全箱、防盗保险柜、防盗安全保险门等。根据报警器的性能、使用环境要求,它们被合理选择应用在机关、企业乃至家庭的安全防范方面,起防盗报警、打击犯罪的作用。

对于防范区域大、防范点较多的工程系统,可以选用区域性防盗报警控制器。区域性防盗报警控制器具有小型报警控制器的所有功能,通常有更多的输入控制端口(16 路以上)和良好的联网功能。目前,区域性防盗报警控制器都采用先进的电子技术、微处理机技术、通信技术,信号实行总线控制。所有探测器根据安置的地点,实行统一编码,探测器的地址码、警号以及供电分别由信号输入总线和电源总线完成,大大简化了工程安装。每路总线可挂几十几至上百个探测器。每路总线都有故障隔离接口,当某路电路发生故障时,控制器能自动判别故障部位,而不影响其他路工作。当任何部位发出报警信号时,控制器微处理机及时处理,在报警显示板上正确显示出报警区域,驱动声光报警装置就地报警。同时,控制器通过内部电路与通信接口,按原先存储的报警电话向更高一级报警中心或有关主管单位报警。

区域型防盗报警主机的组成如图 3.50 所示。

在大型或特大型的报警系统中,集中防盗控制器把多个区域防盗控制器联系在一起。集中防盗控制器能接收各个区域控制器送来的信息,同时也向各区域控制器送去控制指令,直接监控各区域控制器监控的防范区域。集中控制器可使多个区域控制器联网,系统也具有更大的存储功能和更丰富的表现形式。通常,集中控制器与多媒体计算机、相应的地理信息系统、当地报警响应系统等结合使用。

2)闭路电视监控系统

在智能建筑安全防范系统中,闭路电视监控系统可使管理人员在控制室中观察到所有重

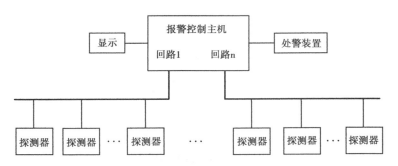

图 3.50　区域型防盗报警主机组成

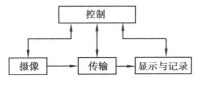

图 3.51　闭路电视监控系统的组成

要地点的人员活动状况,为安全防范系统提供动态图像信息,为消防等系统的运行提供监视手段。闭路电视系统主要由前端(摄像)、传输、终端(显示与记录)与控制四个主要部分组成,具有对图像信号的分配、切换、存储、处理、还原等功能,如图 3.51 所示。

(1)前端(摄像)部分

这包括安装在现场的摄像机、镜头、防护罩、支架和电动云台等设备,其任务是获取监控区域的图像和声音信息,并将其转换成电信号。

(2)传输部分

传输部分包括视频信号的传输和控制信号的传输两大部分,由线缆、调制和解调设备、线路驱动设备等组成。传输系统将电视监控系统的前端设备和终端设备联系起来,将前端设备产生的图像视频信号、音频监听信号和各种报警信号送至中心控制室的终端设备,并把控制中心的控制指令送到前端设备。

(3)终端(控制、显示与记录)部分

终端设备安装在控制室内,完成整个系统的控制与操作功能,可分成控制、显示与记录三部分。它主要包括显示、记录设备和控制切换设备等,如监视器、录像机、录音机、视频分配器、时序切换装置、时间信号发生器、同步信号发生器以及其他一些配套控制设备等。它是电视监控系统的中枢,主要任务是将前端设备送来的各种信息进行处理和显示,并根据需要向前端设备发出各种指令,由中心控制室进行集中控制。CCTV 系统组成如图 3.52 所示。

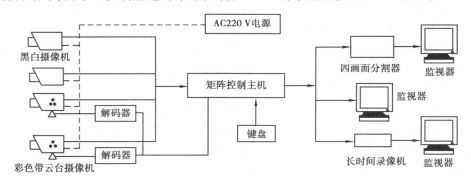

图 3.52　CCTV 系统组成

（4）控制部分

控制部分包括视频切换器、画面分割器、视频分配器、矩阵切换器等。控制设备是实现整个系统的指挥中心。控制部分主要由总控制台（有些系统还设有副控制台）组成。总控制台的主要功能有：视频信号的放大与分配，图像信号的处理与补偿，图像信号的切换，图像信号（或包括声音信号）的记录，摄像机及其辅助部件（如镜头、云台、防护罩等）的控制（遥控）等。

显示部分一般由多台监视器（或带视频输入的普通电视机）组成。它的功能是将传输过来的图像显示出来，通常使用黑白或彩色专用监视器。

记录功能由总控制台上设置的录像机完成，可以随时把发生情况的被监视场所的图像记录下来，以便备查或作为取证的重要依据。

3）数字化图像监控系统

（1）数字化监控系统及其优势

20世纪80年代末到90年代中期，随着国外新型安保理念的引入，各行各业及居民小区纷纷建立起了各自独立的闭路电视监控系统或报警联网系统。传统的视频监控及报警联网系统受到当时技术发展水平的局限，电视监控系统大多只能在现场进行监视，联网报警网络虽然能进行较远距离的报警信息传输，但传输的报警信息简单，不能传输视频图像，无法及时准确地了解事发现场的状况，报警事件确认困难，系统效率较低，增大了安保人员的工作负担。对于银行、电力等地域分布式管理的行业，远距离监控是行业管理的必要手段。随着数字技术的飞速发展和成熟，数字式监控系统随之诞生和发展。目前，数字监控系统已受到远端监控领域的广泛关注，一些金融系统已率先采用了这一新技术，完成了监控系统由模拟向数字化的过渡。

典型的数字监控系统应该有以下几个部分组成：图像源（包括各种CCD摄像机、电脑摄像机、网络摄像机等）、视频图像信号的处理（包括图像信号的数字化、压缩等）、信号传输、图像的显示与处理、硬盘录像、系统的管理和控制（包括网络的管理、视频切换控制、前端云台等设备的控制等）。

数字监控系统与模拟系统相比，无论在画面质量、传输存储方式，还是在工程费用等各方面都具有无法比拟的优势，数字监控系统必将取代模拟系统，成为市场的主流。

（2）数字式监控系统的组成

数字式电视监控系统主要由摄像机组、控制计算机和硬盘录像机（数字视频录像机DVR）三部分构成，与防盗报警系统结合就成为数字式电视监控报警系统，如图3.53所示。

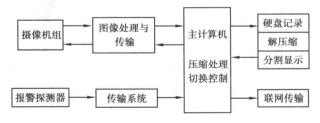

图3.53　数字式电视监控报警系统结构

由图3.53可知，数字监控系统中的一些重要组成部分是数字监控计算机主机、数字视频录像机（DVR）、IP摄像机以及IP网关。

①数字监控计算机主机。数字监控计算机主机由硬盘录像机、图像切换装置和网络传输接口三部分构成，具有多画面处理、录放像、矩阵控制、探测报警、远程传输等多种功能。

②数字视频录像机(DVR)。近年来,数字视频录像(DVR)的迅速普及,使市场向两个不同的方向发展:一方面基于实时操作系统(Real-time Operation System,RTOS)的嵌入式单片机系统在运作时的可靠性,未来将成为发展主流;另一方面,对于强调可联网工作的 DVR 产品,PC-Based 系统成为另一个发展方向。

③IP 摄像机以及 IP 网关。IP 摄像机内置 IP 服务器,可以直接连接到网络上的摄像机,也被称为网络摄像机(LAN Camera)。视频格式有 MJPEG、H.261. MPEG-1. MPEG-2、MPEG-4 等不同的形式,分辨率最高可达 720×580。

使用 IP 摄像机可以在现有的以太网上传输视频和音频,在指定 IP 地址后,也可以在网络上的任何一个位置通过浏览器(MSIE4.0 或 Netscape 4.5)在本地或远程网络上调阅图像。多个用户可以同时调阅同一图像,图像传输速度可以达到 25 帧/s。调阅的图像既可以显示在计算机屏幕上,也可以显示在常规监视器上。IP 摄像机的 IP 地址及图像的各种参数均可预先设置好,这样在现场安装时可以做到即插即用。IP 摄像机由于能将双向音频以多播方式传输,带有 1Vp-p 双向音频接口,故可实现对讲功能。

与 IP 摄像机类似,IP 网关(Internet Gate Way)实现了低成本的音视频以及报警信号的传输,发射和接收采用多播方式在以太网上传输双向音频和视频,能有效地减低安装布线成本。如果事先设置好 IP 地址,摄像机的安装可以做到即插即用。通过配置,可以将 IP 网关当作编码器或者解码器来使用。

网关自带的双向数据接口可以供用户在网络上直接控制前端的云台和镜头。网关可以选择 TCP/IP(传输控制协议片网间协议)或者 UDP(用户数据报协议)、HTTP 等网络协议。IP 摄像机以及 IP 网关在数字化监控系统中的应用如图 3.54 所示。

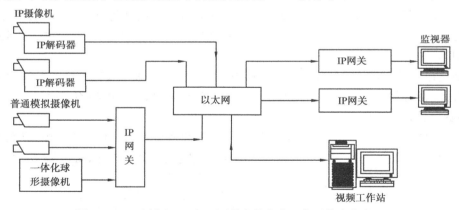

图 3.54 IP 摄像机以及 IP 网关在数字化监控系统中的应用

在智能楼宇中,除了闭路电视监控、防盗报警等常用的安全防范技术系统外,还有出入口控制系统(门禁系统)、电子巡更系统、车库管理系统、访客对讲系统等安全控制和管理系统。相关内容在项目 4 里介绍。

3.7.4　楼宇安全防范系统设计

1)楼宇安全防范技术工程程序

楼宇中的安全防范技术工程主要涉及上面叙述的六个组成部分,工程实施按照我国公安行业标准执行。工程由建设单位提出委托,由持省市级以上公安技术防范管理部门审批、发放的设计、施工资质证书的专业设计、施工单位进行设计与施工。工程的立项、设计、委托、施工、验收必须按照公安主管部门要求的程序进行。

安全防范技术工程按风险等级或工程投资额划分工程规模,分为以下三级:

①一级工程:一级风险或投资额为100万元以上的工程。

②二级工程:二级风险或投资额超过30万元不足100万元的工程。

③三级工程:三级风险或投资额为30万元以下的工程。

2)安全防范技术工程实施过程的要求和内容

(1)工程立项

建设单位要实施安全防范技术工程必须先进行工程项目的可行性研究,研究报告可由建设单位或设计单位编制,应该就政府部门的有关规定,对防护目标的风险等级与防护级别、工程项内容、目的与要求、施工工期、工程费用概算和社会效益分析等方面进行论证。而可行性研究报告经相应主管部门批准后,工程才可以正式立项。

(2)项目招标

工程应在主管部门和建设单位的共同主持下进行招标,以避免各种不正当行为的出现。项目招标过程如下:

①建设单位根据设计任务书的要求编制招标文件,发出招标广告和通知书。

②建设单位应组织投标单位勘察工作现场,解答招标文件中的有关问题。

③投标单位应密封报送投标书。

④当众开标、议标、审查标书,确定中标单位,发出中标通知书。

⑤中标单位可接受建设单位根据设计任务书而提出的委托,根据设计和施工的要求,提出项目建议书和工程实施方案,经建设单位审查批准后,委托生效,即可签订合同。

(3)合同内容

安全防范技术工程应包括以下内容:

①工程名称和内容。

②建设单位和设计施工单位各方的责任和义务。

③工程进度要求。

④工程费用和付款方式。

⑤工程验收方法。

⑥人员培训和维修。

⑦风险与违约责任。

⑧其他有关事项。

(4)设计

工程设计应经过初步设计和方案论证。初步设计应具备以下内容:

①系统设计方案以及系统功能。

②器材平面布防图和防护范围。

③系统框图和主要器材清单。

④中央控制室布局。

⑤工程费用和建设工期。

工程项目在完成初步设计后,由建设单位组织方案论证,业务主管部门、公安主管部门和设计、施工单位及一定数量的技术专家参加。

论证应对初步设计的各项内容进行审查,对其质量、工期、服务和预期效果作出评价。对有异议的评价意见,需要设计单位和建设单位协调处理意见后,方可上报审批,建设单位和业务主管部门审批后方可进入正式设计阶段。正式设计包括技术方案设计、施工图设计、设备操作维修及工程费用的预算书。

设计文件和费用,除特殊规定的设计文件需经公安部门的审查批准外,均由建设单位主持对设计文件和预算进行审查,审查批准后工程进入实施阶段。

（5）施工、调试与试运行

施工阶段包括以下部分内容:

①按工程设计文件所选的器材和数量订货。

②按管线敷设图和有关施工规范进行管线敷设施工。

③按施工图技术要求进行器材设备安装。

④按系统功能要求进行系统调试。

⑤系统阀试开通,试运行一个月并作记录。

⑥有关人员进行技术培训。

（6）工程验收

工程按合同内容全部完成,经试运行后,达到设计要求,并为建设单位认可,可进行竣工验收。少数非主要项目,如未按合同规定全部建成,经建设单位与设计施工单位协商,对遗留问题有明确的处理办法,经试运行并为建设单位认可后,也可进行验收或部分验收,由设计施工单位提出竣工申请。

工程验收应分初验、第三方检测验收和正式验收三个阶段。

①初验。施工单位应首先根据合同要求,由建设单位进行初验。初验包括对技术系统进行验收,对器材设备进行验收,设备、管线安装敷设的验收以及工程资料的验收。

②第三方检测验收。初验合格后,由公安部门认可的第三方权威机构进行系统检测与验收,并对系统出具检测报告和意见。

③正式验收。在初验和第三方检测合格的基础上,再由建设单位的上级业务主管、公安主管、建设单位的主要负责人和技术专家组成的验收委员会或小组对工程进行验收。验收内容包括技术验收、施工验收、资料审查,分别根据合同条款和有关规范进行,最后根据审查结果作出工程验收结论。

任务 3.8 消防系统

1847年,美国牙科医生 Channing 和缅甸大学教授研究出世界上第一台城镇火灾报警发送装置,拉开了人类开发火灾自动报警系统的序幕。此阶段的火灾自动报警系统主要是感温探测器。20世纪40年代末期,瑞士物理学家 Ernst Meili 博士研究的离子感烟探测器问世,70年代末,光电感光探测器出现。到了20世纪80年代,随着电子技术、计算机应用及火灾自动报警技术的不断发展,各种类型的探测器在不断地涌现,同时也在线制上有了很大的改观。

3.8.1　消防系统设备认知及构成

简单地说,火灾是指在时间和空间上失去控制的燃烧所造成的灾害(GB 5907—86)。随着智能建筑的发展,消防系统越来越显示其重要性。智能建筑往往结构跨度大,特性复杂,建筑环境要求高,内部装修易燃材料多,电器设备多,人员多而集中,建筑功能复杂多样,管道竖井多,发生火灾的机会多。智能建筑一旦发生火灾,火势蔓延快,烟气扩散快,人员疏散困难,火灾扑救难度大,火灾隐患多,火灾损失严重。因此,火灾自动报警与控制成为智能楼宇自动化系统的一个重要组成部分。

1)室内消火栓给水系统常用设备

消火栓给水系统由消火栓设备、消防水箱、消防水池、水泵结合器、消防管道、增压设备、水源等构成,如图3.55所示。

(1)消火栓设备

消火栓设备包括水枪、水带和消火栓,均安装在消火栓箱内。消火栓设备一般采用直流式水枪,其接口直径分为50 mm和65 mm两种;喷嘴口径有13 mm、16 mm、19 mm三种;水带直径有50 mm、65 mm两种。水带长度分为10 m、15 m、20 m、25 m四种规格;水带材质有麻织和化纤两种,有衬橡胶与不衬橡胶之分。

消火栓、水带和水枪均采用了内扣式快速式接口。消火枪有单出口和双出口两种,单出口消火栓口径有50 mm和65 mm两种,双出口消火栓口径为65 mm。

(2)消防卷盘

消防卷盘由阀门、软管、卷盘、喷枪等组成。消防卷盘一般设置在走道、楼梯口附近明显易于取用的地点,可以单独设置,也可以与消火栓设置在一起,如图3.56所示。

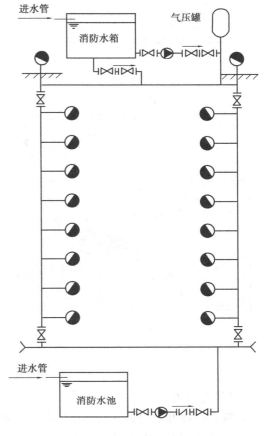

图 3.55　室内消火栓给水系统

(3)水泵结合器

高层建筑、超过四层的库房、设有消防管网的住宅、超过五层的其他非高层民用建筑等室内消火栓给水系统应设消防水泵结合器。消防车从室外消火栓、消防蓄水池或天然水源取水,通过水泵结合器将水送至室内管网,供灭火使用。

水泵结合器一端由消防给水干管引出,另一端设于消防车易于使用和接近的地方,距人防工程出入口的距离不宜小于5 m,距室外消火栓或消防水池的距离宜为15~40 m。水泵结合器的安装如图3.57所示。水泵结合器有地上、地下和墙壁式三种,当采用地下式水泵结合器时,应有明显的标志。

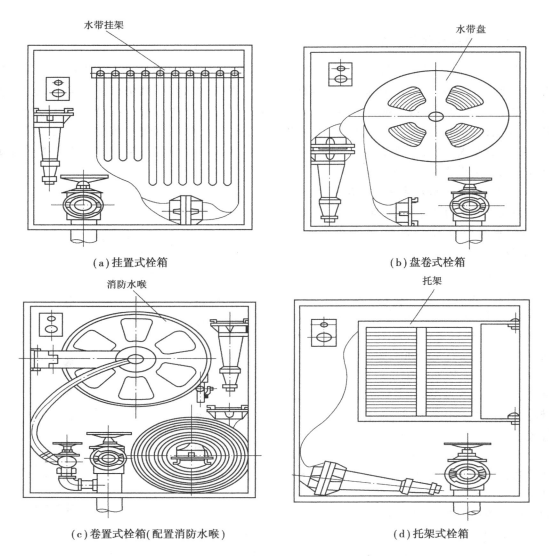

（a）挂置式栓箱   （b）盘卷式栓箱

（c）卷置式栓箱（配置消防水喉）   （d）托架式栓箱

图 3.56　消防卷盘

（4）消防管道

室内消防管道采用镀锌或焊接钢管，直径应不小于 50 mm。它由引入管、干管、立管和支管组成。它的作用是将水供给消火栓，并满足消火栓灭火时所需水量和水压的要求。

（5）消防水箱

消防水箱按使用情况分为专用消防水箱，消防、生活共用水箱和生活、生产、消防共用水箱。底层建筑室内消防水箱（包括水塔、气压水罐）是储存扑救初期火灾消防用水的储水设备，它提供扑救初期火灾的水量和保证扑救初期火灾时灭火设备有必要的水压。水箱的安装设备应在建筑的最高部位，且应为重力自流式水箱。室内消防水箱应储存 10 mm 深的消防用水量。

（6）消防水池

消防水池是人工建造的储存消防用水的构筑物，是天然水源、市政给水管网的一种重要补充手段。根据用水系统对水质的要求是否一致，可将消防水池与生活或生产储水池合用。

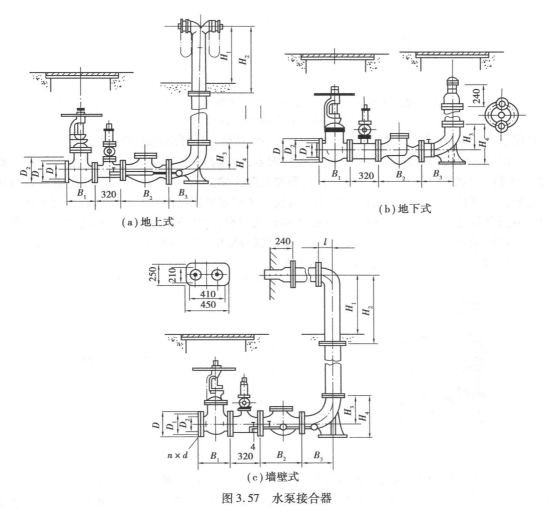

（a）地上式　　　　　（b）地下式

（c）墙壁式

图 3.57　水泵接合器

2）火灾自动报警系统与消防联动控制系统常用设备

一个完善的火灾报警探测系统应由以下几部分组成：

（1）火灾探测器

火灾探测器是火灾自动报警系统的重要组成部分，也叫探头或敏感头。它是火灾报警系统的传感部分，能在现场发出火灾报警信号或向控制和指示设备发出现场火灾状态信号。

目前，火灾自动报警系统已经进入第三代产品阶段，即模拟量传输式智能火灾报警系统，火灾探测器也发展到智能型探测器产品。智能型探测器包括：智能离子感烟探测器，智能光电感烟探测器，智能定温感温探测器，智能差定温感温探测器，严酷环境中使用的智能感烟探测器。普通型探测器包括：普通光电感烟探测器，普通离子感烟探测器，普通定温感温探测器。感烟探测器、感温探测器外形图如图 3.58 所示。

（2）火灾报警控制器

火灾报警控制器由控制器和声、光报警显示器组成，能接收火灾报警探测器发出的火灾报警信号，迅速正确地进行控制转换和处理，指示火灾发生位置，同时发送消防设备的启动控制信号。火灾报警控制器分为区域火灾报警控制器、集中火灾报警控制器和通用火灾报警控制器三种，可

（a）光电感烟火灾探测器　　　（b）定温火灾探测器　　　（c）差定温火灾探测器

图 3.58　火灾探测器外形图

单独用于火灾自动报警,也可与自动防灾及灭火系统联动,组成自动报警联动控制系统。

①区域火灾报警控制器:直接连接火灾探测器,处理各种报警信息。区域报警控制器一般由火警部位记忆显示单元、自检单元、总火警和故障报警单元、电子钟、电源、充电电源及与集中报警控制器相配合时需要的巡检单元等组成。区域报警控制器有总线制区域报警器和多线制区域报警器之分。外形有壁挂式、立柜式和台式三种,如图 3.59 所示。区域报警控制器可以在一定区域内组成独立的火灾报警系统,也可以与集中报警控制器连接起来,组成大型火灾报警系统,并作为集中报警控制器的一个子系统。

（a）壁挂式　　　（b）立柜式　　　（c）台式　　　　　（d）联动型

图 3.59　区域火灾报警控制器外形

②集中火灾报警控制器:一般不与火灾探测器相连,而与区域火灾报警控制器相连,处理区域级火灾报警控制器送来的报警信号,常使用在较大型的系统中。集中报警控制器能接收区域报警控制器(包括相当于区域报警控制器的其他装置)或火灾探测器发来的报警信号,并能发出某些控制信号使区域报警控制器工作。集中报警控制器的接线形式根据不同的产品有不同的线制,如三线制、四线制、两线制、全总线制及二总线制等。

③通用火灾报警控制器:兼有区域、集中两级火灾报警控制器的双重特点。通过设置或修改某些参数(可以是硬件或者是软件方面),它既可用于区域级,连接控制器;又可用于集中级,连接区域火灾报警控制器。

（3）火灾报警手动按钮

火灾报警手动按钮报警准确度比探测器高,属手动触发装置,一般装在金属盒内,有玻璃外罩。用户确认火灾后,可敲碎玻璃罩,按下按键,报警设备报警。同时手动信息也传送到报警控制器,发出火灾报警。

（4）防火卷帘门

防火卷帘通常设置于建筑物中防火分区的通道口外,以形成门帘式防火分隔。火灾发生时,防火卷帘根据消防控制中心联动信号(或火灾探测器信号)指令,或就地手动操作控制,首先下降至预定点;经一定延时后,卷帘降至地面,从而达到人员紧急疏散、灾区隔烟、隔火、控制火势蔓延的目的。电动防火卷帘门系统的组成如图3.60所示。

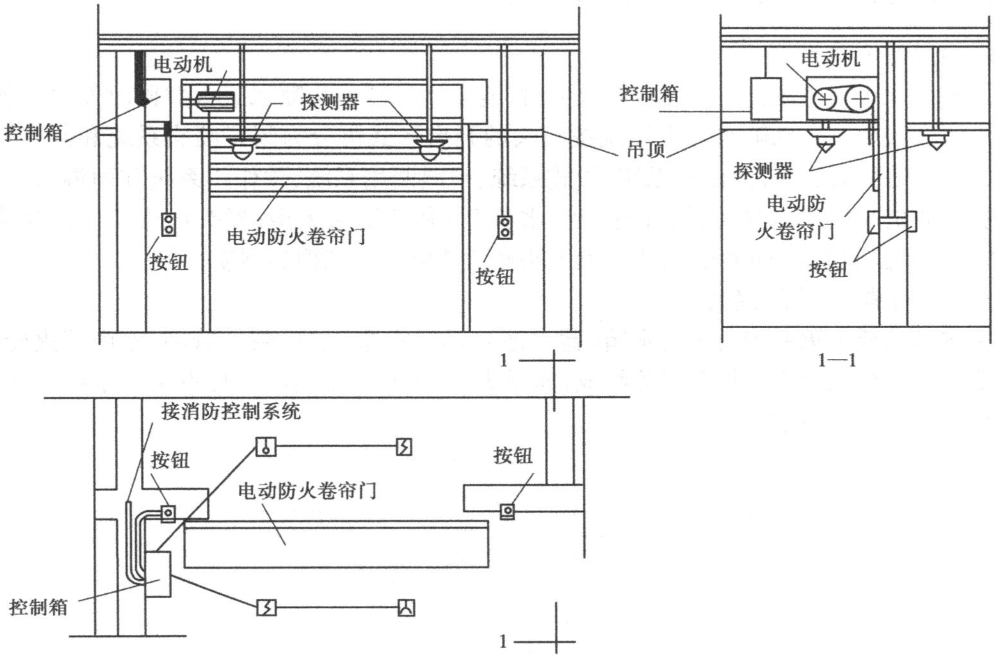

图3.60 电动防火卷帘门系统的组成

（5）消防电话系统

消防电话系统是独立的向公安消防部门直接报警的外线电话,通常装入控制柜中与其他消防报警设备组合在一起使用。

消防电话系统是一种消防专用的通信系统,通过消防电话可及时了解火灾现场的情况,并及时通告消防人员救援。它有总线制和多线制两种主机。

（6）火警电话

火警电话"119"是火灾报警专用电话。

（7）火灾事故照明

它包括火灾事故工作照明及火灾事故疏散指示照明,保证在发生火灾时,其重要的房间和部位能继续正常工作。

（8）防排烟系统

火灾死亡人员中,50% ~70%是由于一氧化碳中毒,且烟雾使逃生的人难辨方向。防排烟系统能在火灾发生时迅速排除烟雾,并防止烟气窜入消防电梯及非火灾区内。

（9）消防广播

消防应急广播系统是火灾疏散和灭火指挥的重要设备,在整个消防控制管理系统中起着极其主要的作用。火灾发生时,应急广播信号由音源设备发出,经功率放大器放大后,由模块切换到指定区域的音箱实现应急广播。它主要由音源设备、功率放大器、输出模块、音箱等设备构成。

（10）消防控制设备

这主要指火灾报警控制装置,火警电话、防排烟、消防电梯等联动装置,火灾事故广播及固定灭火系统控制装置。

3.8.2 火灾自动报警系统与消防联动控制系统

1）自动喷水灭火系统

自动喷水灭火系统是一种在发生火灾时,能自动打开喷头喷水灭火并同时发出火警信号的消防灭火设施。自动喷水灭火系统按喷头的开启形式可分为闭式喷头系统和开式喷头系统;按报警阀的形式可分为湿式系统、干式系统、干湿两用系统、预作用系统和雨淋系统等;按对保护对象的功能又可分为暴露防护型(水幕等)和控制灭火型;喷头形式又可分为传统型(普通型)喷头和滴水型喷头、大水滴型喷头和快速响应早期抑制型喷头等。

（1）室内消火栓灭火系统

室内消火栓灭火系统由高位水箱(蓄水池)、消防水泵(加压泵)、管网、室内消火栓设备、室外露天消火栓以及水泵接合器等组成,如图3.61所示。室内消火栓设备由水枪、水带和消火栓(消防用水出水阀)等组成

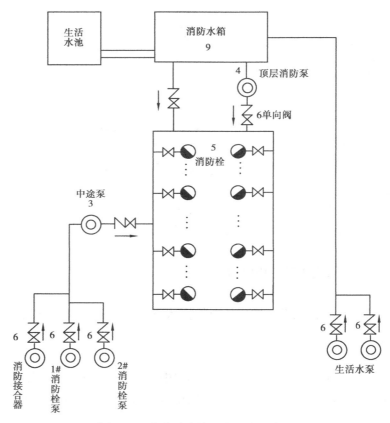

图 3.61　室内消火栓灭火系统示意图

高位水箱应充满足够的消防用水,一般规定储水量应能提供火灾初期消防水泵投入前10 min的消防用水。10 min后的灭火用水要由消防水泵从低位蓄水池或市区供水管网将水注入室内消防管网。智能楼宇的消防水箱应设置在屋顶,宜与其他用水的水箱合用。设置两个消防水箱时,应用联络管在水箱底部将它们连接起来,并在联络管上安设阀门,此阀门应处在常开状态。

水箱下部的单向阀是为防止消防水泵启动后,消防管网的水不能进入消防水箱而设置的。

　　为保证楼内最不利点消火栓设备所需的压力,满足喷水枪喷水灭火需要的充实水柱长度,常需要采用加压设备。常用的加压设备有两种:消防水泵和气压给水装置。为确保由高位水箱与管网构成的灭火供水系统可靠供水,还需对供水系统施加必要的安全保护措施。例如,在室内消防给水管网上设置一定数量的阀门,阀门应经常处于开启状态,并有明显的启闭标志。同时,阀门位置的设置还应有利于阀门的检修与更换。设置屋顶消火栓,对扑灭楼内和邻近大楼火灾都有良好的效果,同时也是定期检查室内消火栓供水系统供水能力的有效措施。

　　在高层建筑中,为弥补消防水泵供水时扬程不足或降低单台消防水泵的容量,以达到降低自备应急发电机组的额定容量,往往在消火栓灭火系统中增设中途接力泵。

　　消火栓箱内的按钮盒内通常是联动的一常开一常闭按钮触点,可用于远距离启动消防水泵。

　　(2)室内喷洒水灭火系统

　　我国《高层民用建筑设计防火规范》中规定,在高层建筑及建筑群体中,除了设置重要的消火栓灭火系统以外,还要求设置自动喷洒水灭火系统。根据使用环境及技术要求,该系统可分为湿式、干式、预作用式、雨淋式、喷雾式及水幕式等多种类型。

　　室内喷洒水灭火系统具有系统安全可靠,灭火效率高,结构简单,使用、维护方便,成本低且使用期长等特点,在火灾的初期的灭火效果尤为明显。

　　①湿式喷水灭火系统。供水管路和喷头内始终充满有压水的自动喷水灭火系统称为湿式喷水灭火系统。该系统主要由闭式喷头、管道系统、湿式报警器、报警装置和供水设施等组成,如图3.62所示。这种灭火系统构造简单、工作可靠、灭火快、效率高,适宜设置于室内温度为4~70℃的建筑物内。

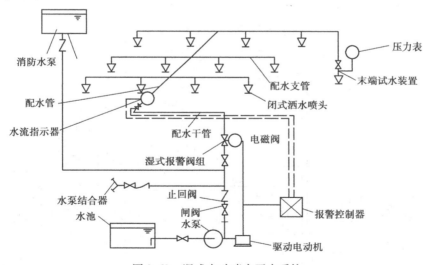

图3.62　湿式自动喷水灭火系统

　　湿式喷水灭火系统工作原理如图3.63所示。火灾发生时,建筑物内温度上升,导致湿式系统的闭式喷头温感元件感温爆破或熔化脱落,喷头喷水。喷水造成报警阀上方的水压小于下方的水压,使阀板开启,向洒水管网供水,同时部分水流沿报警器的环形槽进入延迟器、压力继电器及水力警铃等设施,发出火警信号,启动消防水泵等设施供水。

　　②干式喷洒水灭火系统。它适用于室内温度低于4℃或年采暖期超过240天的不采暖房

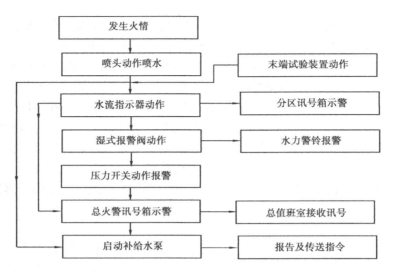

图 3.63　湿式喷水灭火系统工作原理流程图

间,或高于 70 m 的建筑物、构筑物内,是除湿式系统以外使用历史最长的一种闭式自动喷水灭火系统。它主要由闭式喷头、管网、干式报警阀、充气设备、报警装置和供水设备等组成,其构造如图 3.64 所示。平时,报警阀后管网充以有压气体,水源至报警阀的管段内充以有压水。空气压缩机把压缩空气通过单向阀压入干式阀至整个管网之中,把水阻止在管网以外(即干式阀以下)。

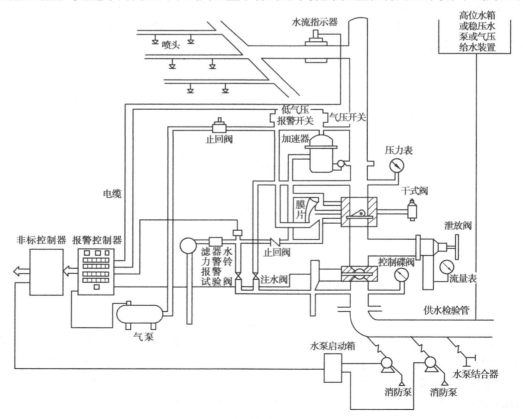

图 3.64　干式喷洒水灭火系统组成示意图

系统工作原理:当火灾发生时,闭式喷头周围的温度升高,在达到其动作温度时,闭式喷头的玻璃球爆裂,喷水口开放,其首先喷射出来的是空气,随着管网中压力下降,水才能顶开干式阀门流入管网,并由闭式喷头喷水灭火。

③预作用喷水灭火系统。预作用喷水灭火系统由火灾探测报警系统、闭式喷头、预作用阀、充气设备、管道系统、控制组件、供水设施等组成,它综合运用了火灾自动探测控制技术和自动喷水灭火技术,兼有干式和湿式系统的优点。系统平时为干式,火灾发生时变为湿式。系统由干式转为湿式的过程含有灭火预备功能,所以称为预作用喷水灭火系统。其系统结构如图3.65所示。

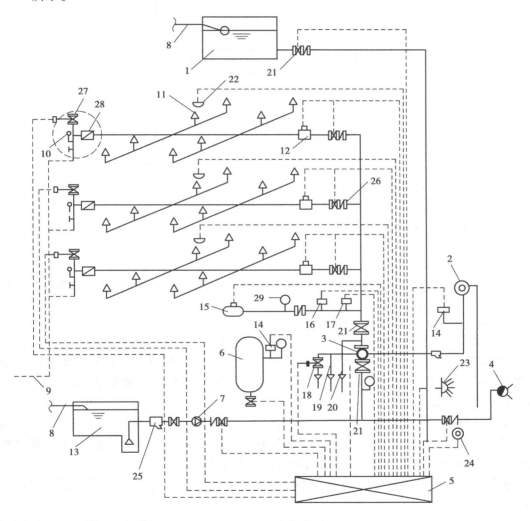

图3.65　预作用喷水灭火系统结构

1—高位水箱;2—水力警铃;3—预作用阀;4—消防水泵接合器;5—控制箱;6—压力罐;7—消防水泵;8—进水管;9—排水管;10—末端试水装置;11—闭式喷头;12—水流指示器;13—水池;14、16、17—压力开关;15—空压机;18—电磁阀;19、20—截止阀;21—消防安全指示阀;22—探测器;23—电铃;24—紧急按钮;25—过滤器;26—节流孔板;27—排气阀;28—水表;29—压力表

④雨淋式灭火系统。雨淋式灭火系统采用开式洒水喷头,配套设火灾自动报警系统或传动管系统。该系统由开式喷头、管道系统、雨淋阀、火灾探测器、报警控制装置、控制组件和供水设备等组成,其系统结构如图3.66所示。

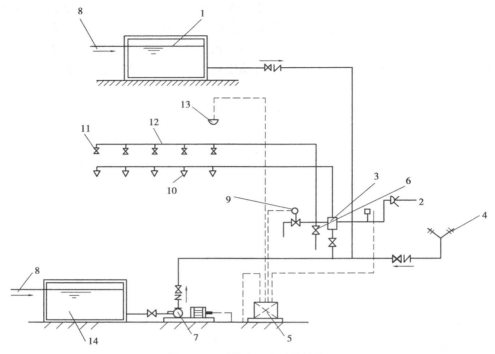

图3.66　雨淋式灭火系统结构

1—高位水箱;2—水力警铃;3—雨淋阀;4—水泵接合器;5—电控箱;6—手动阀;7—水泵;8—进水管;9—电磁阀;10—开式喷头;11—闭式喷头;12—传动管 13—火灾探测器;14—水池

发生火灾时,被保护现场的火灾探测器动作,启动电磁阀,从而打开雨淋阀,由高位水箱供水,经开式喷头喷水灭火。当供水管网水压不足,经压力开关检测并启动消防喷淋泵,补充消防用水,以保证管网水流的流量及压力。为充分保证灭火系统用水,通常在开通雨淋阀的同时尽快启动消防水泵。

⑤水幕系统。该系统的开式喷头沿线状布置,将水喷洒成水帘幕状,发生火灾时主要起阻火、冷却、隔离作用,是不以灭火为主要直接目的的一种系统。该系统适用于需防火隔离的开口部位,如舞台与观众之间的隔离水帘、消防防火卷帘的冷却等。

水幕系统由火灾探测报警装置、雨淋阀(或手动快开阀)、水幕喷头、管道等组成,如图3.67所示。

控制阀后的管网平时不蓄水,当发生火灾时,自动或手动打开控制阀门后,水才进入管网,从水幕喷头喷水。

当发生火灾时,探测器或人发现后,电动或手动开启控制阀(可以是雨淋阀、电磁阀、手动阀门,管网中有水后,通过水幕喷头喷水,进行阻火、隔火、冷却防火隔断物等。

⑥水喷雾灭火系统。该系统属于固定式灭火设施,根据需要可设计成固定式和移动式两种装置。移动式喷头可作为固定装置的辅助喷头。固定式灭火系统的启动方式可设计成自动

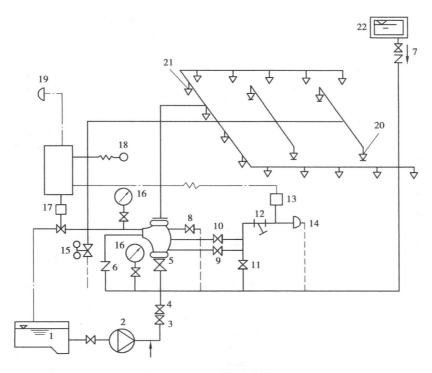

图 3.67　水幕系统结构示意图

1—水池;2—水泵;3、6—止回阀;4—阀门;5—供水闸阀;7—雨淋阀;8、11—放水阀;9—试警铃阀;
10—警铃管阀;12—滤网;13—压力开关;14—水力警铃;15—手动快开阀;16—压力表;
17—电磁阀;18—紧急按钮;19—电铃;20—感温玻璃球喷头;21—开式水幕喷头;22—水箱

和手动控制系统,但自动控制系统必须同时设置手动操作装置。手动操作装置应设在火灾时容易接近便于操作的地方。

水喷雾灭火系统由开式喷头、供水设备、管道、雨淋阀组、感温探测器、报警控制盘、过滤器和水喷雾喷头组成,如图 3.68 所示。

自动喷水灭火系统应在人员密集、不易疏散、外部增援灭火与救生较困难、性质重要或火灾危险性较大的场所中设置。

2)气体自动灭火系统

气体自动灭火系统有卤代烷灭火系统、HFC—227 灭火系统和二氧化碳灭火系统等几种。

(1)二氧化碳灭火系统

该系统由二氧化碳供应源喷嘴和管路组成,分为高压系统和低压系统。二氧化碳灭火的基本原理是依靠二氧化碳对火灾的窒息、冷却和降温作用。二氧化碳挤入着火空间时,使空气中的含氧量明显减少,火灾由于助燃剂(氧气)的减少而最后"窒息"熄灭。同时,二氧化碳由液态变成气态时,将吸收着火现场大量的热,从而使燃烧区温度大大降低,也起到灭火作用。

按系统应用场合,二氧化碳灭火系统通常可分为全充满二氧化碳灭火系统及局部二氧化碳灭火系统。单元独立型灭火系统构成如图 3.69 所示。

二氧化碳灭火系统自动控制包括火灾报警显示、灭火介质的自动释放灭火以及切断被保护区的送排风机、关闭门窗等联动控制。

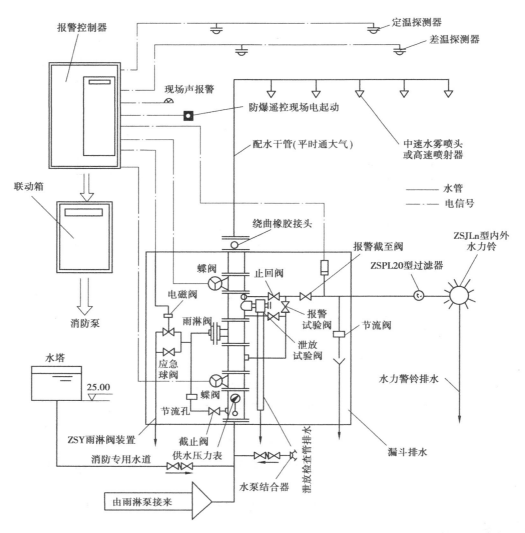

图 3.68　水喷雾灭火系统结构图

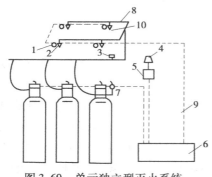

图 3.69　单元独立型灭火系统

1—火灾探测器;2—喷嘴;3—压力继电器;
4—报警器;5—手动按钮启动装置;6—控制
盘;7—电动启动器;8—二氧化碳输氧管;
9—控制电缆线;10—被保护区

火灾报警由安置在保护区域的火灾报警控制器实现,由火灾探测器控制电磁阀,实现灭火介质的自动释放。系统中设置两路火灾探测器(感烟、感温)两路信号形成"逻辑与"的关系,当报警控制器只接收到一个独立火警信号时,系统处于预警状态;当两个独立火灾信号同时发出,报警控制器处于火警状态,确认火灾发生,自动执行灭火程序。再经大约30 s的延时,自动释放灭火介质。

图3.70所示是二氧化碳灭火系统自动控制的例子。发生火灾时,被保护区域的火灾探测器探测到火灾信号后(或由消防按钮发出火灾信

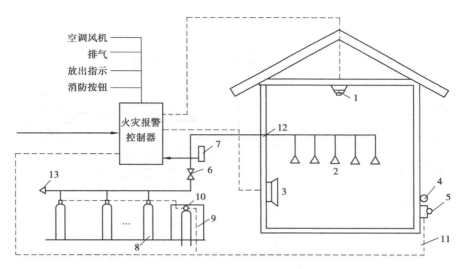

图 3.70　二氧化碳灭火系统自动控制示意图
1—火灾探测器;2—喷头;3—警报器;4—放气指示灯;5—手动启动按钮
6—选择阀;7—压力开关;8—二氧化碳钢瓶;9—启动气瓶;10—电磁阀
11—控制电缆;12—二氧化碳管线;13—安全阀

号),驱动火灾报警控制器,一方面发出火灾声、光报警,同时又发出主令控制信号,启动容器上的电磁阀开启二氧化碳钢瓶,灭火介质自动释放,并快速灭火。与此同时,火灾报警控制器还发出联动控制信号,停止空调风机、关闭防火门等,并延时一定时间,待人员撤离后,再发送信号关闭房间,还发出火灾声响报警。待二氧化碳喷出后,报警控制器发出指令,使置于门框上方的放气指示灯点亮,提醒室外人员不得进入。火灾扑灭后,报警控制器发出排气指示,说明灭火过程结束。

二氧化碳灭火系统的手动控制也是十分必要的。当发生火灾时,用手直接开启二氧化碳容器阀或将放气开关拉动,即可喷出二氧化碳,实现快速灭火。

装有二氧化碳灭火系统的保护场所(如变电所或配电室),一般都在门口加装选择开关,可就地选择自动或手动操作方式。当有工作人员进入里面工作时,为防止意外事故,必须在入室之前把开关转到手动位置,关门之后复归自动位置。同时也为避免无关人员乱动选择开关,宜用钥匙型转换开关。

二氧化碳灭火系统的功能及动作原理框图如图 3.71 所示。

(2)卤代烷灭火系统

该系统采用卤代烷作为灭火剂,由卤代烷供应源、喷嘴和管路组成。卤代烷灭火剂不依赖物理性冷却、稀释或覆盖隔离作用,是一种化学性灭火,灭火速度是非常快的,大约是二氧化碳的 6 倍。

卤代烷灭火剂具有灭火效率高、速度快、灭火后不留痕迹(水渍)、电绝缘性好、腐蚀性极小、便于储存且不变质等优点,是一种性能十分优良的灭火剂。

(3)HFC—227 灭火系统

它又名 FM200,是替代卤代烷的灭火剂。

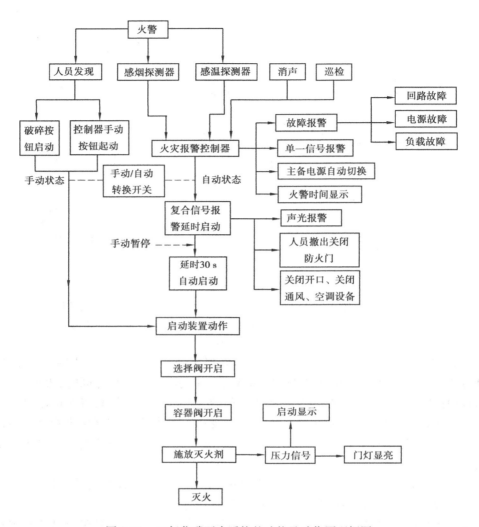

图 3.71 二氧化碳灭火系统的功能及动作原理框图

(4)烟烙尽气体灭火系统

烟烙尽气体是三种自然界存在的氮气、氩气和二氧化碳气体的混合物,不是化学合成品,是无毒的灭火剂,也不会因燃烧或高温而产生腐蚀性分解物。烟烙尽气体按氮气 52%、氩气 40%、二氧化碳 8% 比例进行混合,是无色无味的气体,以气体的形式储存于储存瓶中。它排放时不会形成雾状气体,人们可以在视觉清晰的情况下安全撤离保护区。由于烟烙尽的密度与空气接近,不易流失,有良好的浸渍时间。

烟烙尽灭火系统是采用排放出的气体将保护区域内的氧气含量降低到不能支持燃烧,从而达到灭火的目的。如果喷放烟烙尽使大气中的氧气含量降低到 10% ~15%,二氧化碳的含量会提高 2% ~5%,这样就能达到灭火的要求。烟烙尽灭火迅速,在 1 min 内就能扑灭火灾。

3.8.3 智能消防系统

在智能火灾报警系统中,控制主机(报警控制器)和子机(火灾探测器)都具有智能功能,设置了具有"人工神经网络"的微处理器。子机与主机可进行双向(交互式)智能信息交流,使整个系统的响应速度及运行能力大幅提高,误报率几乎接近为零,确保了系统的高灵敏性和高可靠性。

智能火灾报警系统由智能探测器、智能手动按钮、智能模块、探测器并联接口、总线隔离器、可编程继电器卡组成。系统采用模拟量可寻址技术,使系统能够有效地识别真假火灾信号,防止误报,提高相同信噪比下的灵敏度。

1)智能型火灾探测器

智能型火灾探测器实质上是一种交互式模拟量火灾信号传感器,具有一定的智能。它对火灾特征信号直接进行分析和智能处理,将所在环境收集的烟雾含量或温度随时间变化的数据与内置的智能资料库内有关火警状态资料进行分析比较,作出恰当的智能判决,决定收回来的资料是否显示有火灾发生,从而作出报警决定。一旦确定为火灾,就将这些判决信息传递给控制器,控制器再作进一步的智能处理,完成更复杂的判决并显示判决结果。

由于探测器有了一定的智能处理能力,因此,控制器的信息处理负担大为减轻,可以实现多种管理功能,提高了系统的稳定性和可靠性。并且,在传输速率不变的情况下,总线可以传输更多的信息,使整个系统的响应速度和运行能力大大提高。由于这种分布智能报警系统集中了上述两种系统中智能的优点,已成为火灾报警的主体,得到最广泛的应用。

智能型火灾探测器一般具有以下特点:

①报警控制器与探测器之间连线为二总线制(不分极性)。

②模拟量探测器及各种接口器件的编码地址由系统软件程序决定(可以现场编程调定)。探测器内及底座内均无编码开关,控制器可根据需要操作命名或更改器件地址。

③系统中模拟量探测器底座统一化、标准化,极大地方便了安装与调试。

④具有较高的可靠性与稳定性。模拟量探测器一般具有抗灰尘附着、抗电磁干扰、抗温度影响、抗潮湿、耐腐蚀等特点。

⑤每种工作原理的传感器都要求配置专门的软件。对感烟、感温、感光(火焰)、可燃气体等不同类型的探测器需开发不同的计算机软件。也就是说,需要传输的信号不仅有模拟量探测器的地址,而且有烟雾含量、温度、红外线(紫外线)、可燃气体含量等工作原理方面的信号同时传输。因此,需要不同的数字滤波软件。

⑥模拟量探测器输出的火灾信息是与火灾状况(烟浓度变化、温度变化等)成线性比例变化的。探测器能够按预报、火灾发报、联动警报三个阶段传送情报。探测器变脏、老化、脱落等故障状态信息也可传送到报警控制器,由控制器检测识别,发出故障警报信号,如图3.72所示。

图中曲线是以光电感烟探测器为例画出的。烟浓度是按试验烟雾的光学测量长度(约1 m内烟粒子含量的百分数)表示的。在烟的含量低于约4%/m时,探测器主要输出故障检测信号;当输出的模拟量信号低于约4%/m,为探测器脱落断线检测信号;当烟的含量低于约1%/m,并且输出的模拟量信号上升到约8%/m以上时,则输出灰尘污垢严重的故障检测信号。当烟的含量大于约4%/m,并且输出的模拟量信号上升到约22%/m以上时,则为火灾预报警信号(只在消防控制室内报警,不向外报警);当烟的含量达到约10%/m以上,并且输出的模拟量信号上升到约32%/m以上时,则发出火灾警报(向火灾区域及邻近区域)。当烟的含量达到约15%/m以上,并且输出的模拟量信号上升到约46%/m以上时,则为联动消防警报信号,自动启动喷淋设备或其他灭火设备进行现场灭火。

⑦模拟量探测器灵敏度可以灵活设定,实行与安装场所、环境、目的(自动火灾报警或联

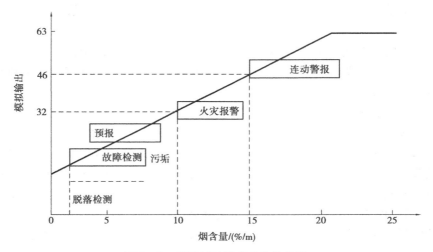

图 3.72　模拟量探测器的传输特性

动消防用等）相吻合的警戒。

　　由于用一片高度集成化的单片集成电路取代以往的光接收电路、放大电路、信号处理电路，各个电路之间的连接线路距离非常短，使探测器不仅不受外界噪声的影响，而且耗电量也降低。

　　⑧具有自动故障测试功能，是先进的模拟量探测器的又一个特点。无需加烟或加温测试，只要在报警控制器键盘上按键，即可完成对探测器的功能测试。对于不好进入的、难以检测的高天花板等处的探测器，都可以在这种灵活的自动故障测试系统中完成功能测试任务。其测试精度超过人工检测精度，提高了系统的维护水平，降低了维护检查费用。

　　2）模拟量报警控制器

　　传统火灾报警系统探测器的固定灵敏度会由于探测器变脏、老化等原因产生时间漂移，而影响长期工作制的探测系统的报警准确率。

　　在智能火灾报警系统中，智能型火灾报警控制器处理的信号是模拟量而不是开关量，能够对由火灾探测器送来的模拟量信号，根据监视现场的环境温度、湿度以及探测器本身受污染等因素的自然变化调整报警动作阈值，改变探测器的灵敏度，并对信号进行分析比较，作出正确判断，使误报率降低甚至消除误报。

　　要达到上述要求，必须用复杂的信号、方法、超限报警处理方法、数字滤波方法、模数数字逻辑分析方法等，经过硬件、软件的智能控制系统来消除误报。

　　来自现场的火灾现象、虚假火灾现象及其他干扰现象，都作用在模拟探测器中的感烟或感温敏感元件上，产生模拟量传感信号（非平稳的随机信号），经过频率响应滤波器和 A/D 转换等数字逻辑电路处理后，变为一系列数字脉冲信号传送给火灾报警控制器，再经过控制器中的微型计算机复杂的程序数字滤波信号处理过程，对无规律的火灾传感器的信号进行分析，判断火灾现象已经达到的危险程度。火灾判断电路将危险度计算电路算出的数据去与预先规定的报警参考值（标准动作阈值）比较，当发现超过报警参考值时，便立即发出报警信号，驱动报警电路发出声、光报警。

　　为了消除噪声干扰信号的影响，报警控制器中还安装了消除干扰噪声的滤波电路，以消除脉冲干扰信号。

图 3.73 是一种模拟量火灾报警系统工作过程示意图。

3)现场总线在火灾报警控制系统中的应用

由于采用了交互式智能技术,火灾报警系统中每个现场部件均自带微处理器,控制器与探测器之间能够实现双向通信。这种分布式计算机控制系统为现场总线技术的应用提供了必要的条件,火灾报警控制系统可随时根据系统运行状态对各个探测器的火灾探头,逻辑进行调整,准确地分辨真伪火灾。

火灾报警控制系统可采用全总线方式实现报警与联动控制,在必要时也可采用多线制方式结合使用,以满足各种要求。在进行系统设计时,首先应计算系统容量点数(探测、报警、控制设备数量),并考虑建筑结构布局,确定所需各类探测器、手报、模块数量,进一步确定回路数量、控制器和各种功能卡的数量及布线方式。

总线网络可以有不同形式的连接,以适应网络扩展的需求,可采用星形连接、环形连接等,并且在环形总线上根据需要接入支路。而且网络系统还可以连入其他系统,如楼宇自控系统。目前,我国消防体制还不允许将消防系统与其他系统连接。

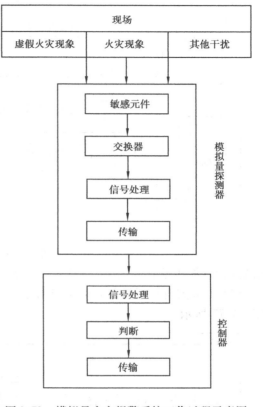

图 3.73　模拟量火灾报警系统工作过程示意图

图 3.74 是 S1511 系统控制器与现场部件之间的通信数据总线接线框图,具有以下特点:

①布线系统灵活,采用两总线环形布线。但在特殊情况下,如改造工程,可以采用非环形布线方式。

②具有自适应编址能力,无需手动设置地址,从而没有混淆探测器的危险。

③自动隔离故障。每个现场部件中均设有短路隔离功能,且探测回路采用环行两总线,发生短路时,短路点被自动隔开,确保系统完全正常运行。

④全中文显示及菜单操作,事故和操作数据资料自动存储记忆,可供随时查阅。系统设定不同的操作级别,各级人员都有自己的操作权限。

⑤联动方式灵活可靠,联动设备可通过总线模块联动,也可通过控制器以多线形式对重要设备进行联动。

⑥具有应急操作功能。系统中控制器和功能卡均采用双 cpu 技术,在主 cpu 故障的情况下,仍能确保正确火灾报警功能,系统可靠性极高。

⑦系统根据需要可以进行扩展,在总地址容量范围内可扩展回路数,方便了工程设计、施工与运行管理。为了满足工程的实际需要,还可以进行灭火扩展、输入/输出扩展、网络扩展、火灾显示盘扩展等功能扩展。

系统可接入计算机平面图形管理系统(即 CTR 系统),实现图形化操作和管理,还可将本

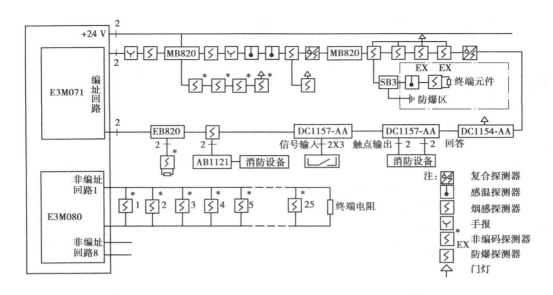

图 3.74　总线接线框图

系统的信息提供给其他系统,如楼宇自动化系统等,也可将其他系统的信息引至本系统中。

S1511 火灾自动报警及联动系统部分连线如图 3.75 所示,平面图如图 3.76 所示,系统图如图 3.77 所示。

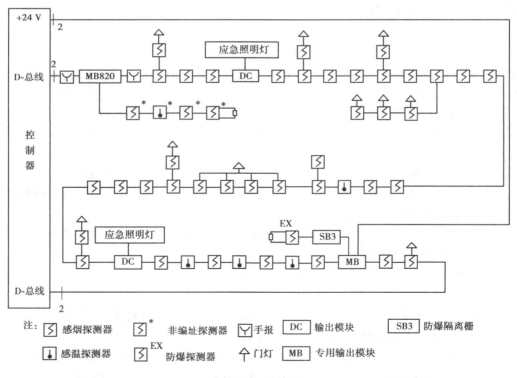

图 3.75　连线图

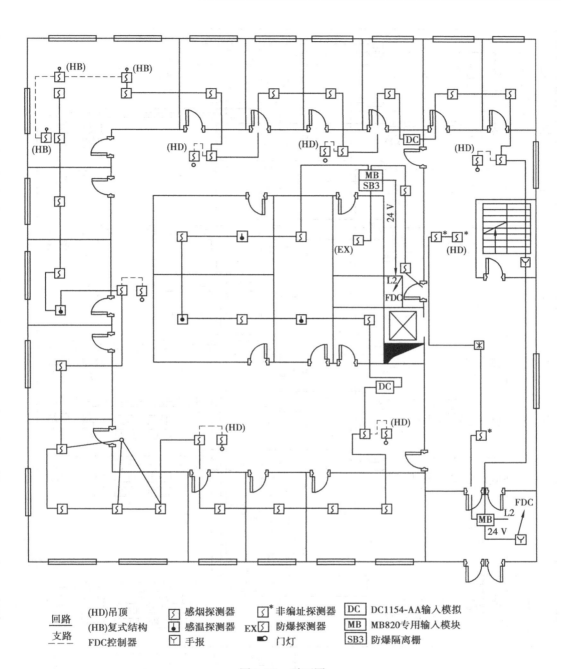

回路	(HD)吊顶	⛃ 感烟探测器	⛃* 非编址探测器	DC DC1154-AA输入模拟
支路	(HB)复式结构	⛃ 感温探测器	EX ⛃ 防爆探测器	MB MB820专用输入模块
---	FDC控制器	Y 手报	▬ 门灯	SB3 防爆隔离栅

图 3.76　平面图

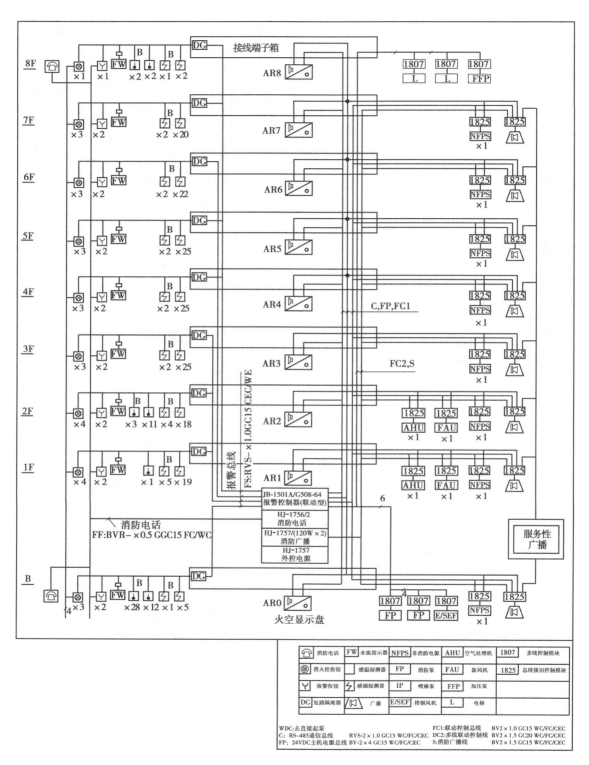

图 3.77　火灾自动报警及消防联动控制系统图

相关技能

技能 1 Honeywell Excel CARE 组态软件应用

目前智能建筑领域的楼宇控制系统中常用的组态软件有:美国 Honeywell 公司的 Excel CARE、美国江森公司的 Metasys、德国 siemens 公司的 S600 Apogee、清华同方的易视 RH-iDCS 等。其中,Honeywell 公司的 Excel CARE 在国内得到了广泛应用,本书主要以其为例介绍。

Excel Computer Aided Regulation Engineering("CARE",Excel 计算机辅助控制工程)软件为 Excel 5000 控制器创建数据文件和控制程序提供了一个图形化的工具(其中,EXCEL 5000 控制器包括 Excel 50,Excel 80,Excel 100,Excel 500,Excel 600 和 Excel Smart 控制器)。

CARE 是一个微软 Windows 风格的应用程序,充分利用了菜单工具栏、对话框以及单击编程的特性。用户可以执行以上功能而不需要具备在编程语言方面的全面知识,通过选择控制系统图形元件,如照明系统、供暖、通风和空调等系统设备的图片元件,生成控制策略和开关逻辑,从而使得编程工作快速而有效地完成;同时,作为设计过程的一部分,CARE 自动生成全部文件和材料表格。

利用 CARE 软件可以开发:

①Schematics 原理图;

②Control Strategies 控制策略;

③Switching logic 开关逻辑;

④Point descriptors and attributes 点描述和分配;

⑤Point mapping files 点映像文件;

⑥Time programs 时间程序;

⑦Job documentation 工作文档。

1)CARE 的基本概念

(1)Plants——设备

CARE 的所有功能都是基于设备的。一个设备是一个被控系统。例如:一个设备可以是空气处理器(air handle),锅炉(boiler)或是冷却设备(chiller)。

控制器 Excel 50,Excel 80,Excel 100,Excel 500,Excel 600 以及 Excel Smart 可容纳一个或多个设备,这取决于控制器内存以及点的容量,但不同的控制器不能包含相同的设备。

(2)Projects——工程

创建一个设备的第一步就是定义一个工程。Project 是指公共总线上的 1~30 个控制器。图 3.78 为包括 4 个设备和 3 个控制器的工程。一个控制器可以包含多个 Plant,但同一个 Plant 不能分配给多个控制器。

(3)Plant Schematics——设备原理图

对每一个 Plant 先要创建一个原理图。Plant 原理图是由显示 Plant 中设备及如何安排这些设备的"Segments(段)"组合而成。Segment(段)是一个控制系统如锅炉、泵以及其他设备的

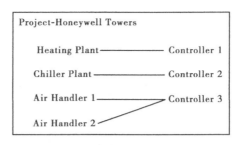

图 3.78　Project 示例

组成元件,包括传感器、状态点、阀门、泵等。CARE 提供了一个宏库,它有预定义的元件和设备。图 3.79 为一个典型的 Plant 原理图。

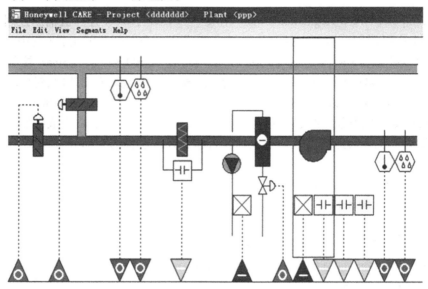

图 3.79　Plant 原理图

（4）Control Strategy——控制策略

建立了一个原理图之后,就可以创建控制策略,使得控制器能够智能化地处理系统。控制策略基于条件、数据计算或时间表的控制回路,可根据模拟量和数字量的组合进行控制。CARE 提供了标准控制算法如 PID、最小值、最大值、平均值和序列等。

（5）Switching Logic——开关逻辑

除了对原理图增加控制策略以外,CARE 还能为原理图增加开关逻辑用于数字量控制如切换状态。开关逻辑基于逻辑表,建立逻辑与、或、非等。例如一个典型的开关逻辑顺序可能是:在送风机开启之后延迟一段时间再启动回风机。

（6）Time Programs——时间程序

可以建立时间程序控制设备起/停的时间程序,可以定义日常时间表(如工作日、周末、假期)并将它们分配到每周的时间表中。

（7）Linking to Controller——Plant 连接至控制器

完成了 Plant 之后,可以使用 CARE 的其他功能编辑默认值,编译 Plant 文件,然后下载文件,测试控制器的运作情况。

图 3.80 总结了 CARE 的工程、设备以及功能结构。

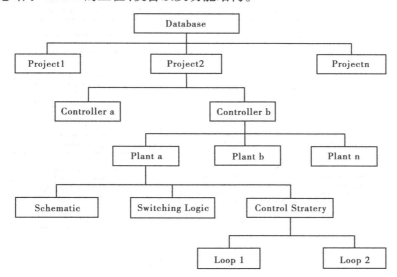

图 3.80　CARE 功能图

2)CARE 的开发步骤

①启动 CARE。

②创建一个工程并且定义工程的一般信息。

③为该工程定义一个设备,选择设备类型。

④创建设备原理图显示设备的元件和输入/输出。

⑤如果需要,为设备创建开关逻辑表。

⑥如果需要,为设备创建控制策略。

⑦定义一个控制器(DDC,直接数字控制器),将设备连接到控制器中。

⑧修改数据点信息如额外的描述(报警)、工程单位、特性等。

⑨在每日和每周的基础上为设备操作创建时间程序。

⑩将设备信息翻译成适合下载到控制器的格式。

⑪打印文档。

⑫如果需要,备份文件。

⑬退出 CARE。

图 3.81 显示了使用 CARE 创建一个控制器文件所需的主要步骤。

3)CARE 的工作环境

CARE 是一个微软 Windows 风格的应用软件。作为一个图形开发工具,它可以快速地生成控制程序。如果在 Windows 操作系统上已经安装了 CARE,可以双击桌面上的 CARE 图标(如果存在),或者用鼠标单击"开始",在"程序"组中选"HONEYWELL XL5000",在 "CARE 2.02.00"项上双击,即进入 CARE 集成环境,如图 3.82 所示。

此时,CARE 主窗体的菜单栏只包括三项(Database,,Project,以及 Help)。这种情况下,只能使用有限的功能,如:选择一个存在的工程、设备或控制器;定义一个新工程;删除一个工程、设备或控制器;导入元件库;导出一个图形或元件库;备份或恢复数据库;编辑控制器的缺省值

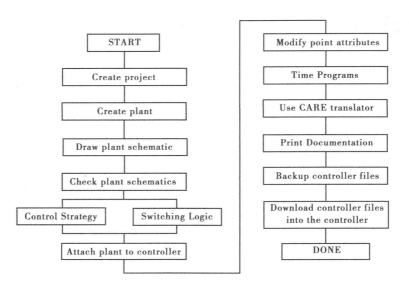

图 3.81　CARE 流程图

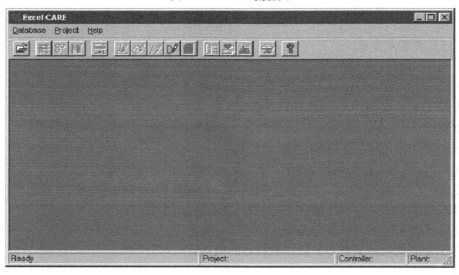

图 3.82　CARE 主窗体

（如工程单位,报警文本,I/O 特性,点描述）;显示在线帮助文件;退出 CARE 等。当程序执行不同的功能,主菜单及其下面的子菜单会发生变化。

（1）CARE 菜单栏

完整的主菜单栏包括 Database,Project,Controller,Plant,Window,以及 Help 菜单项,可以完成所有的 CARE 功能。

①Database 菜单。Database 菜单项主要用于 CARE 数据库的管理和控制,如图 3.83 所示。

Select:显示 Select 对话框,列出数据库中的工程、设备和控制器以供选择。

Delete:显示 Delete Objects 对话框,列出数据库中的工程、设备和控制器以供删除。

Print:打印设备报表,如工程信息、设备控制器分配、原理图、控制回路、开关表等。

Import:提供两个下拉项,即 Controller 和 Element Library,将控制器文件和元件文件复制至

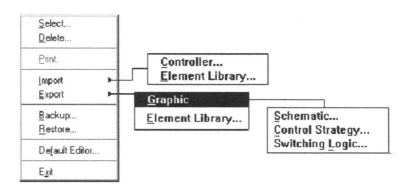

图 3.83　Database 菜单项

CARE 数据库中。

Export：提供两个下拉项，即 Graphic 和 Element Library。导出图片功能创建原理图、控制策略回路以及开关表的 Windows 元文件（.WMF）。导出元件库功能创建可以导入到其他 CARE PC 机元件库中的元件文件。

Backup 和 Restore：备份 CARE 数据库以备日后使用；恢复 CARE 数据库。

Default Editor：自定义特定区域的缺省值。

Exit：终止 CARE 程序。

②Project 菜单。Project 菜单项主要用于工程的管理和控制，如图 3.84 所示。

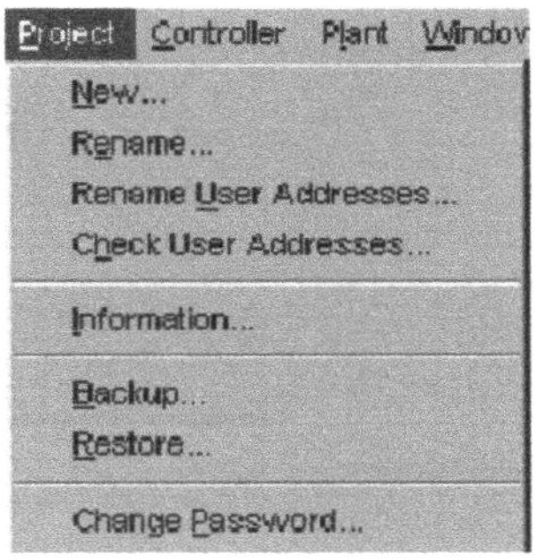

图 3.84　Project 菜单项

New：显示 New Project 对话框，定义一个新工程。

Rename：显示 Rename Project 对话框，改变工程名称。

Rename User Addresses：显示 Rename User Addresses 对话框，改变选中的用户地址。

Check User Addresses：运行检查工具，查找所选的工程中重复的用户地址以及控制器名称。

Information：显示 Project Information 对话框，包括工程相关的数据如客户名字，订货数等。可以使用该对话框修改工程信息。

Backup 和 Restore：备份选中的工程以备日后使用；恢复所选的工程。

Change Password：重新定义选中的工程的密码。

③Controller 菜单。Controller 菜单项主要用于控制器的管理和控制，如图 3.85 所示。

New：显示 New Controller 对话框，定义一个新的控制器。

Rename：显示 Rename Controller 对话框，改变控制器名称。

Copy：显示 Copy Controller 对话框，通过复制当前选中的控制器来创建一个新的控制器。

Information：显示 Controller Information 对话框，包括控制器相关数据如名称、编码以及类型。

Summary：显示 Controller Summary 对话框，概述了当前选中控制器的数据。

Translate：将设备信息转换成能被控制器使用的格式。通常，设备编译要在"Edit"完成之后。

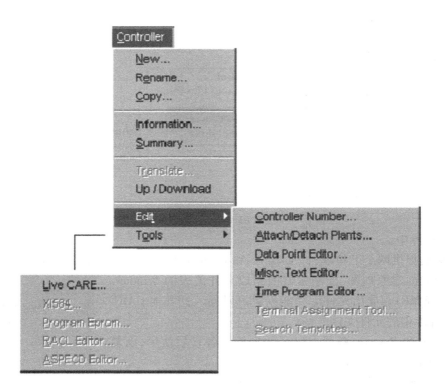

图 3.85　Controller 菜单项

Up/Download:启动 Upload/download 工具。

Edit:提供了用于改变当前选中控制器数据以及在控制器中附加或分离设备的下拉项。设备必须在编辑其文件之前加到控制器里,包括 Controller Number、Attach/Detach、Data Point Editor、Time Program Editor、Terminal Assignment、Search Templates。

Controller Number:显示 Change Controller Number 对话框,改变控制器编号。

Attach/Detach Attach:将一个设备附加到控制器中,并且分配其 I/O 终端。Detach 将一个设备从控制器中分离出来,并且取消所有的 I/O 终端的安置。

Data Point Editor:改变点的缺省属性。

Time Program Editor:为设备运行设定时间表的编辑器。

Terminal Assignment:显示和修改控制器硬件配置的工具。

Search Templates:建立查询模板,在 XI581/XI582 操作员终端上寻找用户地址组。

Tools:提供了用于 CARE 其他功能的下拉项,包括 Live CARE、XI584、Program Eprom。

Live CARE:为 Excel 50,80,100,500,600 和 Excel Smart 控制器提供了仿真检验的功能,使其能完成正确的控制操作。

XI584:为控制器提供下载功能。

Program Eprom:烧制控制器 EPROM 芯片。

④Plant 菜单。Plant 菜单项主要用于设备的管理和控制,如图 3.86 所示。

New:显示 New Plant 对话框,定义一个新设备。

Rename:显示 Rename Plant 对话框,改变当前选中设备的名称。

Copy:显示 Copy Plant 对话框,选中目标工程和新名称。

Replicate：显示 Replicate Plant 对话框，设定复制数量以及分配给设备副本的名称。

Information：显示 Plant Information 对话框，包括设备名称、设备类型、设备操作系统版本以及工程单位。

Backup 和 Restore：备份选中的设备以备日后使用；恢复选中的设备。

Schematic：显示该设备的原理图窗体，创建或修改设备原理图。

Control Strategy：显示该设备的控制策略窗体，创建或修改该设备的控制策略。

Switching Logic：显示该设备的开关逻辑窗体，创建或修改该设备的开关逻辑。

⑤Window 菜单。Window 菜单项主要用于显示窗体的管理和控制。

⑥Help 菜单。Help 菜单项主要用于提供在线帮助。

（2）CARE 工具栏

快捷工具栏位于 CARE 窗口菜单栏的下面。这些工具按钮提供了快速访问各种 CARE 功能的方法。

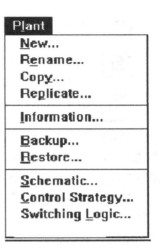

图 3.86　Plant 菜单项

:打开选择对话框，选择可用的工程、设备和控制器。

:为当前选中的设备启动原理图功能。

:为当前选中的设备启动控制策略功能。

:为当前选中的设备启动开关逻辑功能。

:显示附加/分离设备对话框，在当前选中的控制器中附加或分离所选设备。

:启动数据点编辑器。

:启动时间程序编辑器。

:启动缺省文本编辑器。

:启动查询模板功能。

:启动编译器。

:启动 Live CARE 软件。

:启动上传/下载软件。

:启动 XI584 软件。

:启动终端分配功能。

:显示 About CARE 对话框,列出软件版本号以及和软件相关的其他信息。

如果相关的选项没被选中的话,按钮是不被激活的。比如,如果没有选中当前设备,原理图、控制策略以及开关逻辑按钮都是灰色的,即未激活的。对于下拉菜单项也是一样。因此,在用户制定控制策略和开关逻辑之前,必须创建一份原理图。

下面一个例子显示了三个打开的窗口,如图 3.87 所示。工程窗口显示了该工程的相关信息。

控制器窗口显示了控制器信息如名称和编号。设备窗体则显示了设备原理图。

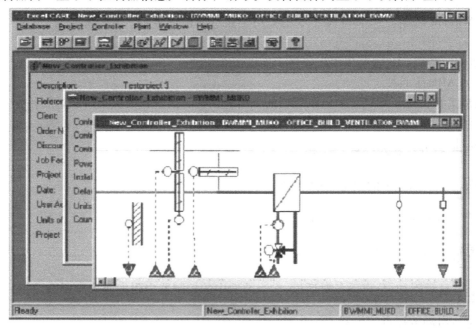

图 3.87　CARE 子窗体

4)工程和设备

(1)工程

CARE 软件用工程来管理设备。当用户启动 CARE 软件后,第一步就是选择一个已有的工程或者定义一个新工程。每个工程都有自己的密码,如果要对工程进行显示或做任何修改时,用户必须首先输入密码。

①创建新工程。选择"CARE"菜单栏中"Project"的下拉菜单项"New",进入 New Project 窗口,如图 3.88 所示。在此窗口下,可以定义工程名称、密码以及一般信息,如参考编号、客户姓名、订单编号等。

Project name:工程的名称。最多允许 32 个字符,不能有任何空格,第一个字符必须是字母,可以使用下画线来分隔字符。

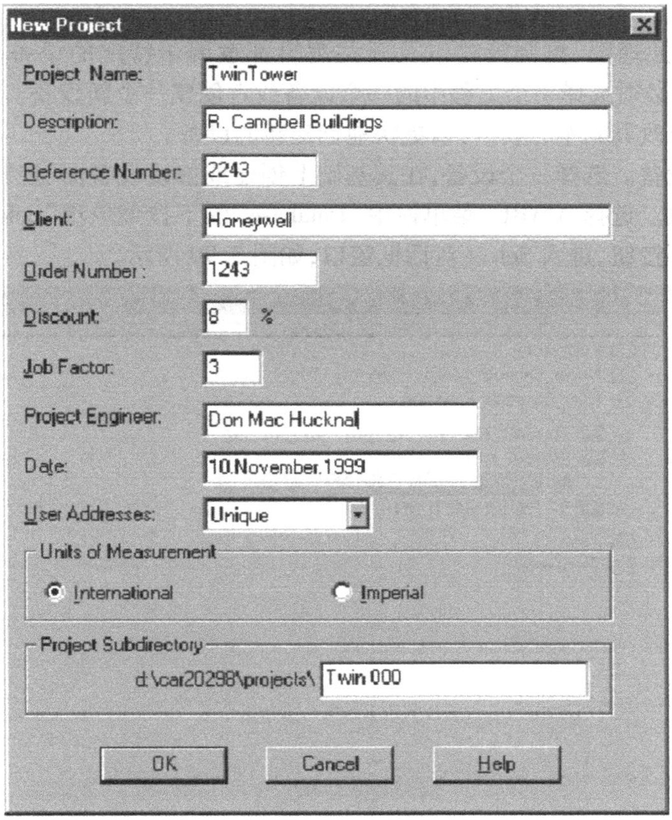

图 3.88　创建新工程窗口

Discount：折扣。列出价格的折扣百分比。

Job factor：工程的难度因数（0~99.99）。当计算工程费用时，软件将根据这个因数估计额外服务，该因数可能造成整体费用的增加或减少。

User Addresses：可以选择工程中的用户地址是唯一的还是不唯一的。缺省值是唯一的，推荐选择唯一的用户地址。如果选择该选项，软件将检查工程中是否有重复名称的点。如果软件检测到重复点，就发出一个警告信息，此时不能把有重复点的设备附加到控制器上。

②修改工程密码。当所有的信息填好之后，单击"OK"按钮，此时打开 Edit Project Password 对话框，如图 3.89 所示。由于每个工程都要有自己的密码，当用户建立好新工程后就需要定义密码。

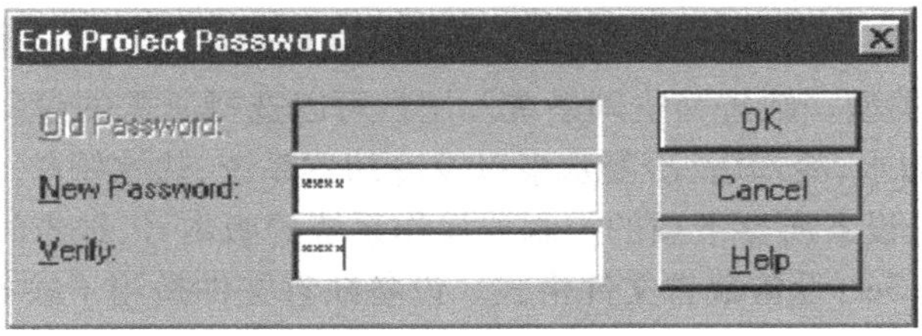

图 3.89　定义工程的密码

在一个工程定义完成之后，用户还可以改变工程信息。

（2）设备

CARE 功能如原理图、控制策略以及开关逻辑都隶属于特定的设备。因此当用户启动 CARE 软件时首先必须选择一个工程中的一个设备或者创建一个新设备。用户也可以复制已存在的设备然后修改其副本，这样可以更快地创建新的设备。

①打开已有设备。选择一个设备，在其基础上创建或修改设备图、控制策略、开关逻辑以及其他的设备参数。选择"CARE"菜单栏中"Database"的下拉菜单项"Select"，或者单击工具栏上的选择对话框按钮，进入 Select 对话框窗口，如图 3.90 所示。

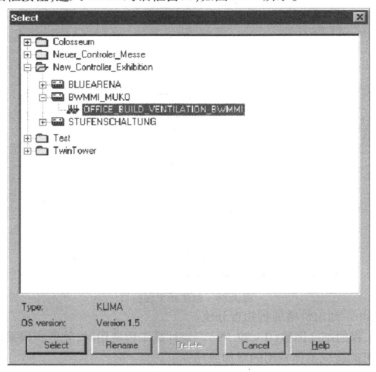

图 3.90　选择对话框

展开相应的工程文件夹，选择所需的设备，将会出现一个带有设备名称的新窗口。如果该设备已有原理图，则窗体里显示设备原理图，但此时只是显示，不能对原理图作任何修改。

②创建新设备。先在选择对话框中选中新设备所隶属的工程，然后选择"CARE"菜单栏中"Plant"的下拉菜单项"New"，进入 New Plant 对话框窗口，如图 3.91 所示。在此窗口下，可以定义设备名称以及选择设备类型等。

Name：设备的名称。最多有 30 个字符，不能有任何空格，第一个字符不能为数字。

Plant Type：设备类型。缺省为空调系统。用户可以选择所需的设备类型，如空调、空气处理或者风机系统；冷却水、冷却塔、冷凝水泵以及冷却器系统；热水锅炉、转炉以及热水系统等。

Plant OS Version：设备所要下载的控制器操作系统的版本号，缺省为 2.0 版本。

Plant Default File Set：设备缺省文件格式。设备缺省文件是用于缺省文本编辑器中特定领域的定制缺省文件。

Target I/O Hardware：I/O 硬件目标。包括 Standard I/O 标准 I/O，设备的硬件点安排在 IP 总线模块上；Distributed I/O 分布式 I/O，设备的硬件点安排在 LON 总线模块上。

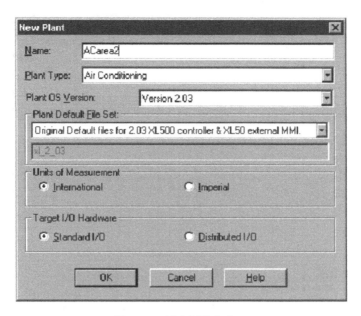

图 3.91 创建新设备窗口

③复制设备。创建设备及其信息的一个或多个副本作为其他设备的基础。这个功能可以减少在一个工程中建立类似的设备所花费的时间。选择一个设备作为母版,选择菜单栏中"Plant"的下拉菜单项"Replicate",显示 Replicate Plant 对话框,如图 3.92 所示。

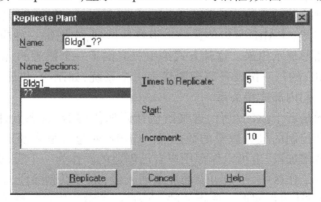

图 3.92 复制设备对话框

为了使得创建的设备副本有唯一的名字,可在母版设备名字上加一个或多个问号(通常在结尾),软件将根据问号所在的位置添加额外的字符。还可以设定所需复制的次数,开始的数值(0 ~ 100)以及递增的数值(1 ~ 100),其中开始数和递增数缺省为 1。

比如选择 Bldg1 设备作为母版,为了使得副本有唯一的名字,名字变成 Bldg1_??,开始数为 5,递增数为 10,复制次数为 5。则软件将创建出的设备副本名称为:Bldg1_05,Bldg1_15,Bldg1_25……。同时这些副本设备内的用户地址也将作出相应的变化。

(3)举例

新建一个工程 AirHandle,并创建一个设备 Air。如图 3.93 所示。

图 3.93　工程和设备举例

5)设备原理图

(1)设备原理图简介

在开发进行各种控制应用的直接数字控制(DDC)程序时,其合理的步骤是首先生成符合项目要求的系统原理图。CARE 可以使这一步很容易做到,它把每一种应用(HVAC,照明等)用与原理图相似的图形显示出来。这种方式给用户提供了一个熟悉的、舒适的平台进行程序的开发或修改。CARE 的每一份设备原理图代表一个系统,如制冷、供暖或风机系统,定义了设备中的元件以及它们内部连接关系。

一份设备原理图是若干段的组合,这些段包括诸如传感器、状态点、阀门以及泵等元件。每个段都有用于较佳控制的最少数量的数据点。CARE 库包含很多预定义的段,称作宏。用户可以使用宏快速地增加段,也可以保存用户自己创建的段作为一个宏,放入库中以备今后使用。在设备图窗口的工作区中,用户可以增加或插入段,也可以删除段,就像使用积木搭建小房子。除此之外,用户还可以修改一些点的缺省信息如类型和用户地址等。

首先选择需要建立原理图的设备,然后选择"CARE"菜单栏中"Plant"的下拉菜单项"Schematic",或者单击工具栏上的原理图功能按钮。图 3.94 显示了原理图窗口中的一份设备原理图。

(2)几个相关知识

①段。开发者可以为设备选择元件类型,这些元件被分门别类的用各种段来表示,不同的设备类型包含不同的段的类型。预定义的段以 Segments 菜单条的形式出现在下拉式表格中。

②三角箭头。原理图底部的三角箭头表示点。它们有颜色区别,有方向性的(箭头向下代表输入,向上是输出),并且用一个符号表示额外的信息。

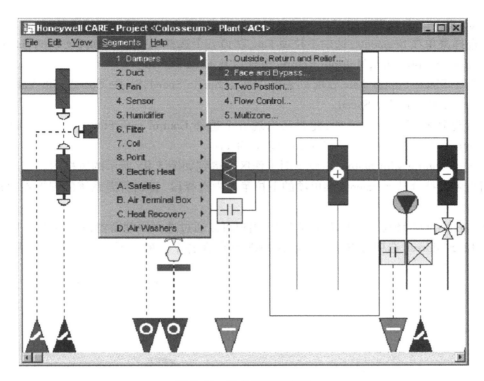

图 3.94　设备原理图窗口

颜　色	三角箭头方向	符　号	点类型
绿色	向下	—	数字量输入
红色	向下	○	模拟量输入
蓝色	向上	—	数字量输入
紫色	向上	○	模拟量输入

　　③点。也称为数据点,可以是输入点、输出点,也可以是模拟量、数字量。输入点代表环境中测量和报告情况的传感器,比如温度、相对湿度、流量等;输出点代表环境中完成某些功能的执行器,比如冷却阀、加热阀、节气阀、启/停继电器等。模拟量是有连续信号特性的控制器输入或输出。比如,温度计的变化范围为 0 ~ 100。数字量是有离散信号特性的控制器输入和输出。比如,泵有两个状态:开和关。模拟量和数字量都可以是物理点或伪点(硬件点或软件点),输入点、输出点或者全局点。

　　④用户地址用来唯一地表示物理点(硬件点),创建控制策略和开关逻辑时要使用用户地址,必须确保不会重复,尽量根据点的性质来命名,便于控制。

　　(3)操作

　　①段的操作。通过增加和插入段可以创建和修改原理图。通常情况下,段按顺序依次从左到右。当用户给原理图增加段时,CARE 软件将其放在原理图的末端。而当用户在原理图中插入段时,软件只是将其放在当前被框中的段的左边。增加和插入功能通过原理图窗口菜单栏中 Edit 项的"Insert mode on/off"来控制。

107

例如,将一个送风机段增加到一份空调原理图中(图3.95),其基本步骤是:

a.选择菜单项 Segments,选中下拉项 Fan,获得五个选择项:Single Supply Fan,SingleReturn Fan,Multiple Supply Fans,Multiple Return Fans 以及 Exhaust Fan。

b.选中 Single Supply Fan,这时列表框中列出 Single Speed,Single Speed with VaneControl, Two Speed,以及 Variable Speed。

c.再选中 Single Speed 选项,此时又出现五个选择 Control with Status,Control Only,Status Only,Control with Feedback 以及 No Control or Status。

d.选择 Control with Status,在设备图工作区中得到如图3.95所示的风机图。

用户可以持续从 Segments 菜单项的下拉菜单中选择段,直到所需系统的图形在原理图中显示出来。

②用户地址的修改。三角箭头代表点,用户可以通过选择原理图窗口菜单栏中 View 菜单项下的 User address 选项查看用户地址,CARE 软件在各个点的下面显示了缺省的名字,如图3.99所示。

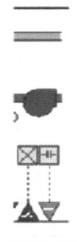

图3.95 风机段

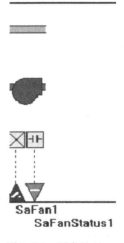

SaFan1
SaFanStatus1

图3.96 用户地址

如果需要,用户可以修改用户地址,可以按照习惯定义一个命名规范,如 FanCMD、FanStatus,FanMode 等。单击三角箭头选中点,按 F5 键打开修改点对话框进行修改,如图3.97所示。

其中,如果切换器是常开的,选择 Digit input (NO);如果是常闭的,则选择 Digital input(NC)。

③设备信息的修改。在继续 CARE 的下一步之前,用户可以显示和检查设备信息,进行一些修改。比如,用户可以对控制器点的数目做一个统计,或是核对用户地址,列出段的详细说明,查看附加的文本,显示控制器输入/输出信息等。

当用户完成一份原理图之后,就可以结束设备原理图功能,然后根据需要为其创建控制策略图或(和)开关逻辑表。

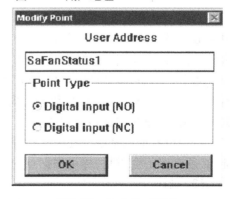

图3.97 修改点对话框

（3）举例

空气处理设备的设备原理图如图3.98所示。

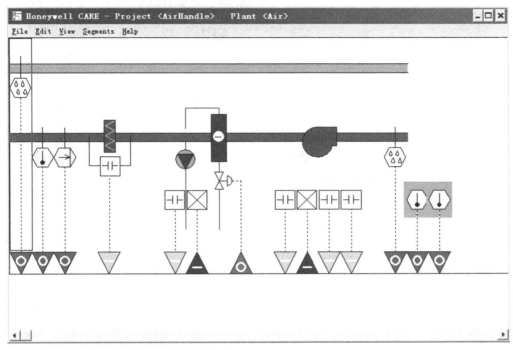

图3.98 设备原理图举例

6）开关逻辑

（1）介绍

开关逻辑为实现点的数字逻辑（布尔）控制提供一个易于使用的 Excel 逻辑表的方法，减少了到现场开关设备的硬件连接。开关表规定了开关状态、输入条件以及 Excel 控制器相关的输出点等，若开关条件成立，控制器就把经过编程的信号传送给输出点。开关逻辑比控制策略具有更高的优先级。当开关逻辑进行控制的时候，控制策略就不能使用；只有当开关逻辑释放了这个点之后，该点才能由控制策略支配。开发开关逻辑必须基于已建好的设备原理图。

①开关逻辑窗口。开关逻辑窗口为设备原理图中的数字点提供逻辑开关动作。首先选择需要建立开关逻辑的设备，然后选择 CARE 菜单栏中"Plant"的下拉菜单项 Switching Logic，或者单击工具栏上的开关逻辑功能按钮。图3.99 显示了某个设备原理图的开关逻辑。

开关逻辑图标（工具栏）包括：

－ROW：从开关表中删除一行。不能删除第一行。

＋COL：在开关表的右边加一列。

－COL：从开关表中删除一列。

＋DELAY：给开关表的输出加一个延迟时间值。

－DELAY：从开关表中移走延迟时间值。

MATH：利用数学公式来确定一个值。

……

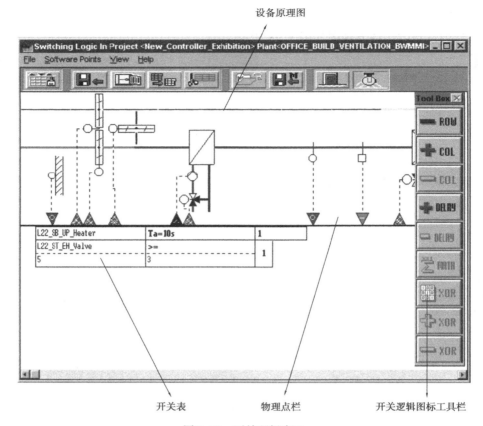

图 3.99　开关逻辑窗口

②物理点(硬件点)和伪点(软件点)。

物理点,即硬件点,是指像传感器和执行器那样采集和更新环境状况的控制器元件,如温度传感器、加热和冷却阀以及节气阀等。伪点,即软件点,包含开关逻辑或控制策略所需的处理或控制变量,是软件程序的计算结果。

可以在开关逻辑窗口中点击 Software Points 菜单来创建伪点。伪点包括 Pseudo analog (VA);Pseudo digital (VD);Pseudo totalizer (VT);Global analog (GA);Global digital (GD); Flag analog (FA);Flag digital (FD)几种类型。

全局点是伪点的一种类型,可以是输入点,也可以是输出点。定义全局点的目的是使一条总线的所有控制器可以分享该点的信息。全局输入点从其他控制器中获取点的信息,全局输出点把信息提供给其他控制器。

③开关表。开关表包括行和列。每一行代表一个点或者一个输出情况,包括用户地址、值和切换状态。

a. 第一行(结果行)。表中的第一行通常表示输出结果,如图 3.100 所示。例如,下面一行表示在延迟 30 s 之后启动 Supply_Fan 点,图 3.101 所示。

这个点必须是一个输出点、伪点或标志。对于数字点输出,结果可以是 1 也可以是 0;对于模拟量输出,结果是一个值。比如,下面一行表示将阀门打开至 100%,如图 3.102 所示。

b. 后继行(条件行)。表中结果行以下的各行说明了为实现输出结果所需的条件。

Result Row	Output point user address	Minimum delay time	On or Off

图 3.100

Result Row	Supply_Fan	Te=30s	1

图 3.101

Result Row	Bld1_dmpr		100.0

图 3.102

● "AND(与)"逻辑。CARE 软件规定后继行必须使用"与"逻辑来实现结果行命令。也就是说,这些行的条件必须都为 True 才能给结果行发一个命令。例如,图 3.103 表示如果送风机开启了 30 s 并且排风温度大于或等于 68F(20 ℃),就启动回风机。

Result	RET_FAM		1	
Digital control	STATUS_FAN_SUP	Tt=30 s	1	
	DISCH_AIR_TRMP	>=		1
Analog control	68.0	3.0		

图 3.103

● "OR(或)"逻辑。表在附加列中包含了"或"逻辑。"或"逻辑表示只要有一个条件是 True,CARE 软件就能给结果行发出一个命令。例如,图 3.104 表示如果送风机已开启了 30 s 或者如果排风温度大于或等于 68F(20 ℃)就打开回风机。

Result	RET_FAM		1	
Digital control	STATUS_FAN_SUP	Te=30s	1	–
	DISCH_AIR_TRMP	>=	–	1
Analog control	68.0	3.0		

图 3.104

c.时间延迟

时间延迟包括:

● 行条件延迟。比如,送风机在软件将其状态变为 True 之前必须至少开启 30 s。

● 逻辑与延迟。比如,软件在所有的行条件满足之后,发出一个输出命令之前,必须再等待 30 s。

● 开关表输出延迟。比如,软件发出一个关命令,在真正关闭风机之前必须等待 2 min。

图 3.105 所示的开关表显示了上述的三种定时器选项:

当用户选择一个延迟时间的时候,也要选择一个延迟类型。延迟类型包括 On 延迟、Off 延迟和 Cycle 延迟。

On 延迟(Te)表示延迟输出一个 ON 命令,如图 3.106 所示。

Off 延迟(Ta)表示延迟输出一个 OFF 命令,如图 3.107 所示。

Cycle 延迟(Tv)表示循环 ON 和 OFF,如图 3.108 所示。

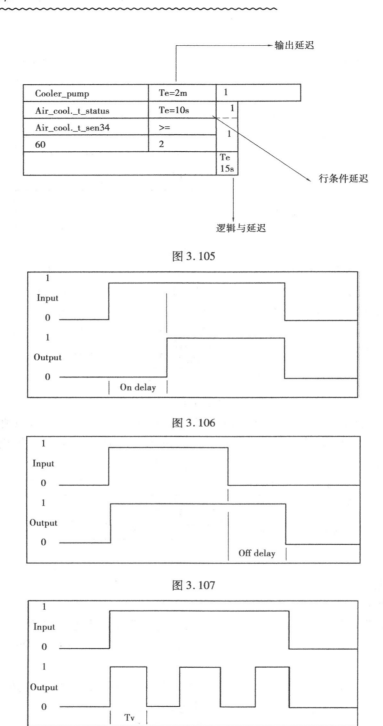

图 3.105

图 3.106

图 3.107

图 3.108

On 延迟,如图 3.109 所示。

Supply_fan_cmd 必须持续为 ON 最少 20 s 之后使得开关表中相应的列为 1,Analog_condition 为 True(模拟量条件不能设置延迟)使得表中值为 1,Supply_fan_status 必须持续 10 s 使得

Extract_fan_cmd	Te=30s	1	
Supply_fan_cmd	Te=20s	1	–
Analog_condition	>=	1	–
0	0		
Supply_fan_status	Te=10s	1	–
Manual_override		–	1
		Te 15s	

图 3.109

表中值为 1，所有这些 AND 条件必须全为 1 并且持续 15 s，Extract_fan_cmd 才能接收到 ON 命令。但是，Extract_fan_cmd 还得延迟 30 s 才能真正开启。另一个启动方式是采用手动，Manual_override 为 1，可以在延迟 30 s 后启动回风机。

　　d. MATH 功能。CARE 还可以提供数学功能，用以创建一个计算值来代替开关表中的变量。例如，图 3.110 所示的开关表显示了三个变量：t1，0，0。

do		1
t1	>=	1
0	0	

图 3.110

其中，t1 可以是一个物理点、一个模拟量伪点或标志。当用户创建伪点、标志或是选择原理图中物理点的时候，自动显示 0 值。选择 0 值，打开 Math 编辑器对话框（图 3.111），为其选择或新建一个变量，并创建一个数学计算公式。此后值 0 将被该变量名代替。

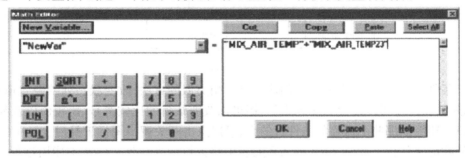

图 3.111　数学编辑器

（2）操作

开关表的创建主要是选择输出点以及指定影响输出点的各种条件，其基本步骤是：

①建立结果行。

选择被控制点作为结果行，该点可以是一个物理输出点、伪点或者标志。

如果选择物理输出点，则在开关逻辑窗口中的设备原理图物理点栏上选择该点，该点有一个向上的三角箭头。如果选择已存在的伪点或者标志，则在开关逻辑窗口的菜单栏中选中 Software Points 项，然后选择所需点的类型。这时出现对话框，列出了该类型下的所有变量点，用户可以从中选择需要的伪点或是标志，也可以创建一个新的伪点或者标志。

无论用户选择的是直接物理输出点，还是伪点或标志，这时在开关逻辑窗口中的设备原理图下方产生了一个新的开关逻辑表，表中只有一行，即结果行。结果行包括所选点的用户地址列、空白的延迟值列以及该点的状态列（数字量缺省为 1，模拟量缺省为 0）。

②指定条件行。选择其他的点创建开关表中的各个条件行，用户可以选择任何物理点、伪

点或标志。选择点的方式和选择结果行的控制点相同。这时在结果行下会产生新行。每一个数字量条件行占一行,包括所选点的用户地址列、空白列以及有缺省值的状态列。每一个模拟量条件行占两行,第一行包括所选点的用户地址列、缺省的比较符号(> =)列和有缺省值的状态列,第二行是 0 值。

③设定其他条件。通过设定延迟时间改变缺省值,增加"OR"列,以及数学公式等进一步定制开关表。首先,用户可以改变结果行状态列的缺省值。对于数字量,先点击行的状态列,改变其值。例如,图 3.112 的 1 是点击区域,可以通过点击改变表的输出命令。

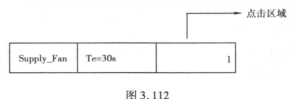

图 3.112

无论用户什么时候点击该区域,其点的状态值都会改变。比如,一个两态点,其状态值在 1 和 0 之间进行切换。这些命令数值(0、1 或其他)是对应于数字量的工程单位的。比如,在数字量工程单位表中将 ON 分配给 1,OFF 分配给 0。因此,这个开关表例子中的状态值 1 是一个 ON 命令,而 0 表示一个 OFF 命令。同样对于模拟量,应点击命令值,敲入新值。

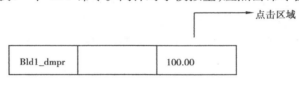

图 3.113

对于条件行,用户也可以通过和创建结果行相类似的方法,改变状态列的缺省值(如果是模拟量条件行,除了可以改变状态列之外,还可以改变缺省的比较符号、比较值以及死区值)。如果用户希望删除那些不需要的条件行的话,可以点击开关逻辑图标工具栏上的-ROW 图标,选择要删除的条件行。此时,软件将从开关表中移去该输入条件。但是不能用这种方式删除结果行。如果要删除结果行,必须在开关逻辑窗口的 File 菜单项中选择下拉子菜单项 Delete,删除整个开关表。

其次,用户可以添加或删除 OR 列。OR 功能表示当开关表中至少有一个条件为 True 时,软件给输出点发出一个命令。具体操作如下:单击开关逻辑图标工具栏上的 + COL 图标,这时软件在开关表中的右边边界添加一个新的 OR 列。单击列状态,创建状态 true (1),false(0)或不可用(−)。每一次单击都会改变状态(0 变成 1,1 变成 0)。如果要删除一个 OR 列,单击开关逻辑图标工具栏上的-COL 图标,选择所要删除的 OR 列,此时,软件将从开关表中移去该列。

用户还可以给数字量添加或取消延迟作用。比如当条件满足的时候,开关逻辑使得送风机打开,在送风机启动之前加一个 30 s 的延迟。

图 3.114 是一个输出延迟,单击开关表结果行的第二列。此时 Select Time Period 对话框打开,如图 3.115 所示。

选择延迟时间的类型、单位,填入延迟时间值。如果选择 30 s 的 On 延迟,结果如图 3.116

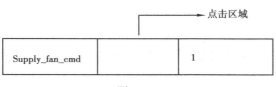

图 3.114

所示。

如果要取消延迟,只需在 Select Time Period 对话框中将延迟时间值设置为 0 即可。

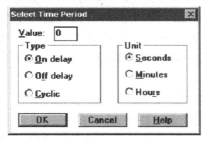

图 3.115　选择延迟时间对话框　　　　　图 3.116　选择 30 s 的延迟

行条件延迟和逻辑与延迟也是类似的操作。

(3)举例

在前面创建的空气处理系统设备原理图基础上,创建一个开关逻辑表,如图 3.117 所示。

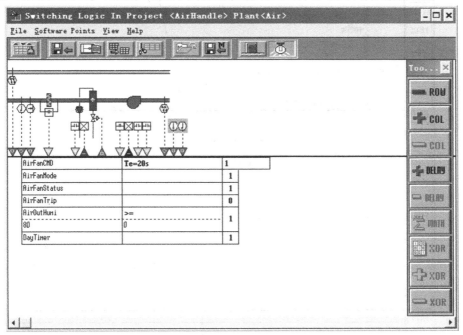

图 3.117　开关逻辑举例

该开关逻辑表示,当风机处于自动模式(AirFanMode 为 1),状态为 On(AirFanStatus 为 1),无故障(AirFanTrip 为 1),室内湿度大于 80%(AirOutHumi 为 1),在规定的运行时间内(DayTimer 为 1,DayTimer 是一个伪点,由时间程序控制),这些条件都满足的情况下,风机延迟 20 s 开启(AirFanCMD 为 1)。

115

7）控制策略

（1）介绍

CARE 开关逻辑和控制策略功能共同工作给控制工程师开发控制程序提供了十分有力的工具。

在设备原理图建好之后，可以为建立 CARE 数据库确定控制策略。控制策略使控制器具有处理系统原理图的职能。设备的控制策略包括监视环境、调整设备运行的控制回路。控制回路由一套"控制图标"组成，这些控制图标提供了预先编好的功能和算法，用以实现设备原理图的控制顺序。比如在控制图标中，有 PID 调节功能、最大值功能等。为生成一个控制策略，用户需要找出原理图中的点后单击，选定控制图标，把两者连接起来，软件在工作空间内画出代表控制流的线（注意：如果没有完成控制回路就退出控制策略窗口，则不能进行编译）。开发控制策略也必须基于已建好的设备原理图之上。

①控制策略窗口。控制策略窗口为设备原理图的模拟量点提供标准的控制功能。

首先选择需要建立控制策略的设备，然后选择 CARE 菜单栏中 Plant 的下拉菜单项 ControlStrategy，或者单击工具栏上的控制策略功能按钮。图 3.118 显示某个设备原理图的控制策略，该回路包括连接到物理点和一个软件点的两个 PID 操作以及一个顺序操作。

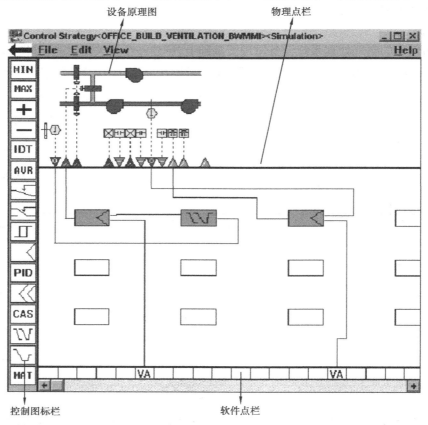

图 3.118　控制策略窗口

②控制图标。控制图标提供了预先编好的功能和算法，利用这些标准的控制功能可以在设备原理图基础上建立控制策略。每个控制图标都有一个 I/O 对话框用来定义输入和输出

（它们可以是物理点,伪点或是其他控制图标）,除此之外,有些控制图标还有内部参数对话框,用来定义实现控制图标功能所需的参数值。

控制图标见表 3.3,列出了每个控制图标的功能名,符号,图标名,以及简短的描述。

表 3.3

功能名	控制图标	图标名	描　述
Add	+	ADD	多个模拟量输入点值求和(2~6)
Analog Switch		SWI	根据一个数字量,切换模拟量值
Average	AVR	AVR	计算多个模拟量输入点的平均值(2~6)
Cascade		CAS	串级控制器
Cascade(with DI)	CAS	CAS	类似串级控制器,多一个数字量输入
Changeover Switch		CHA	根据一个数字量,传递模拟量值
Cycle	⊓⊓	CYC	建立一个循环操作
Data Transfer	IDT	IDT	将值从一个控制图标传递到其他图标或点
Digital Switch		2PT	根据两个模拟量值传递一个数字状态
Duty Cycle	DUC	DUC	间断性切换 HVAC 系统 On 或 Off,用以节能
Economizer	Eco	ECO	确定最经济的系统运行
Event Counter		EVC	事件计数器
Fixed Application	XFM	XFM	能和其他子模块或点结合的混合应用
Heating Curve with Adaptation		HCV	使用加热曲线计算排风温度设定值
Humidity and Enthalpy	h, x	H,X	计算焓值和绝对湿度
Mathematical Editor	MAT	MAT	数学编辑器
Maximum	MAX	MAX	选择模拟量输入中的最大值(2~6)
Minimum	MIN	MIN	选择模拟量输入中的最小值(2~6)

续表

功能名	控制图标	图标名	描　述
Night Purge	**NIPU**	NIPU	在夜间使用较冷的室外温度,降低能耗
Optimum Start/Stop	**EOH**	EOH	为启停加热系统计算最优值
Optimum Start/Stop Energy	**EOV**	EOV	为启停空调设备计算最优值
PID	◁	PID	PID 控制器
PID（with integration time parameter）	**PID**	PID	PID 控制器(带有积分时间参数)
Radio	⌐▁	RAMP	限制房间温度变化率
Read	**RIA**	RIA	读取一个用户地址的属性
Sequence	⎍	SEQ	根据模拟量输入,确定模拟量输出顺序
Subtract	—	DIF	计算多个模拟量输入值的差(2~6)
Write	**WIA**	WIA	写入一个用户地址的属性
Zero Energy Band	**ZEB**	ZEB	确定预先定义的舒适区的设定值

由于篇幅有限,每个控制图标的输入、输出、算法和参数在这里就不作多介绍了,可参见软件在线帮助。

（2）操作

用户在选择任何控制图标设计控制策略之前,必须打开一个已有的回路或是新建一个回路,可通过选择控制策略窗口菜单栏 File 项的 Load 或 New 来实现。

①创建新回路。为所选的设备命名一个新的控制顺序,可先选择控制策略窗口菜单栏 File 项,选中下拉项 New,显示 Create new control loop 对话框,如图 3.119 所示。在 Name 编辑字段中敲入新的控制回路名。

②编辑回路。建立或修改一个控制回路可以通过增加和删除控制图标以及将它们和物理点、伪点连接在一起来实现。

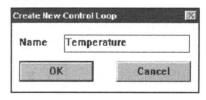

图 3.119　创建新的控制回路对话框

a. 选择和放置控制图标。选中控制策略窗口中控制图标栏上的控制图标符号,这时鼠标指针呈现该控制图标的形状。单控制策略工作区内的任一空白矩形,放置这个控制图标,图标符号变红,显示一个对话框,要求输入和这个控制图标相关的内部参数信息。比如,PID 控制图标要求比例系数、微分时间、积分时间、最小输出值和最大输出值。

接下来就要将图标和所需的输入/输出点进行连接了。双击图标,显示一个输入/输出对话框,要求输入相应的变量。这个对话框通常左边显示输出变量,右边显示输入变量。图3.120显示了PID控制图标的输入/输出对话框。

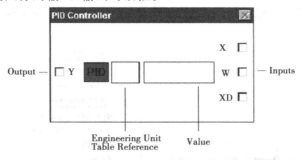

图3.120　PID控制图标的输入/输出对话框

其中,左边的变量(Y)是输出,右边的变量(X、W、XD)是输入。Y、X、W和XD需要连接到物理点、伪点或其他控制图标。对话框中的两个空白矩形是可以输入值的编辑字段,用来替代物理连接。

b. 连接控制图标。在控制图标和设备之间建立连接。控制图标可以连接到物理点、伪点、标志以及其他的控制图标。

首先,连接控制图标和物理点。选择所需控制图标,放置在控制策略工作区中。单击物理点栏中输入/输出点的三角箭头,此时,三角箭头变成黑色,如图3.121所示。

双击工作区中需要连接的控制图标,显示该图标的输入/输出对话框,单击对应于你选中的物理点的输入或输出变量,如图3.122所示,再单击对话框中的控制图标,退出对话框。

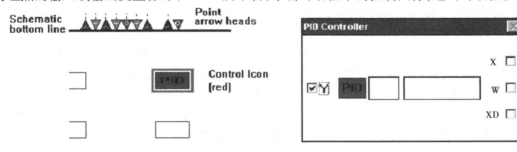

图3.121　点击物理点　　　　　　　图3.122　点击对应的变量

这时软件在图标的旁边添加了一条短连接线。工作区出现两条交叉线,用户可以通过移动鼠标来控制交叉线的位置,移动和点击交叉点来创建连接线。当交叉点位于物理点的三角箭头上时,出现十字符号,单击鼠标完成连接。此时,软件连接了物理点和控制图标的一个变量,如图3.123所示。

重复这个顺序,完成该图标的其他输入、输出变量的连接。当所有的连接实现后,控制图标的颜色变为蓝色,表明这个回路连接完成。

其次,连接两个控制图标。即把几个控制图标连接在一起,使得一个控制图标的输出是另一个控制图标的输入。

选择第一个控制图标放在工作区中,再选择第二个控制图标放在工作区中,依次双击两个图标,显示它们的输入/输出对话框。从每个对话框中选择一个变量,其中一个变量必须是输出,另一个是输入,分别单击两个对话框中的控制图标,退出对话框。这时,位于左边的那个图标产生一个短连接线,移动交叉线到另一个图标的左边界,单击完成连接。

最后,连接控制图标和软件点。在控制回路中可以增加软件点。在控制策略窗口的软件点栏上选择想放置新伪点/标志的位置,然后单击,显示 Create/Select Software Address 对话框,如图 3.124 所示。

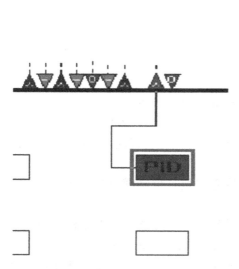

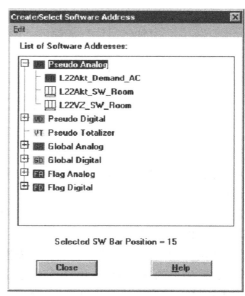

图 3.123　创建连接线　　　　　　图 3.124　创建/选择软件点对话框

根据所需点的类型展开相应的文件夹,右击鼠标打开浮动菜单栏,选择 New 菜单项,如图 3.125 所示。出现一个数据点对话框,填入软件点名称,这时点会出现在软件点栏内。如果未选择放置点的位置,伪点/标志必须通过选择浮动菜单栏的 Assign to SW Bar 项来安置在软件点栏中。

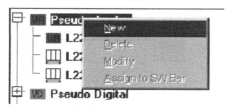

图 3.125　新建软件点

如果要将伪点/标志连接到控制图标上,首先要选择控制图标放在工作区中,然后单击软件点栏中的软件点,双击工作区中需要连接的控制图标,显示该图标的输入/输出对话框;选择和你所选的伪点/标志相对应的输入或输出变量,再单击对话框中的控制图标,退出对话框。移动交叉线,单击完成软件点和图标的连接。

③删除图标及其连接。单击想删除的控制图标,这时所选图标外围呈现一个灰色的框,然后选中控制策略窗口菜单项 Edit 的下拉项 Delete,或者按"Ctrl + Delete"键,删除这个图标。软件删除这个图标的同时也删除了和它之间的所有连接关系。

④检查回路。当用户退出控制策略窗口的时候,软件会询问是否要运行检查回路的功能。另外,用户也可以在创建控制策略期间对回路进行检查,单击控制策略窗口菜单栏 File 的下拉项 Checkloop,弹出一个信息框,显示回路完成与否。

（3）举例

在前面创建的空气处理系统设备原理图基础上，创建一个控制策略回路，如图 3.126 所示。

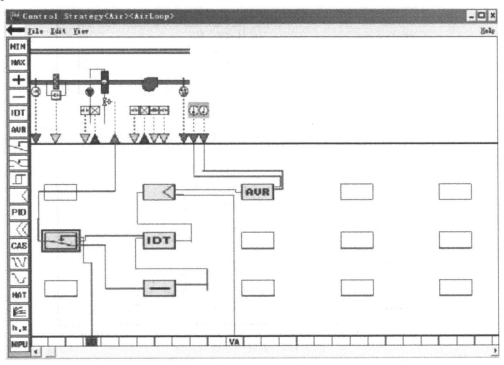

图 3.126　控制策略举例

该回路包括一个 PID 操作，一个 AVR 操作（求平均），一个 SWI 操作（模拟量切换），一个 IDT 操作（数据传递）以及一个 DIF 操作（求差值）。增加了两个软件点，一个是模拟量 AirRTempSet，另一个是数字量 AirSuWi。房间温度（AirRmTemp1 和 AirRmTemp2）的平均值作为 PID 调节的实测值，软件点 AirRTempSet 作为 PID 调节的设定值。IDT 操作将 PID 的输出值输出到两个模块，一方面直接送入 SWI，用作夏季控制 AirPumpVlv 开度，另一方面和 100 相减之后，送入 SWI，用作冬季控制阀门开度。软件点 AirSuWi 用于季节切换，根据室内的温度和设定值以及季节的变化来控制泵开大还是关小。

8）控制器

（1）介绍

CARE 中的控制器是一个抽象概念，对应于实际使用的直接数字控制器（DDC）。控制器中可包括若干个设备的原理图、控制策略以及开关逻辑等。软件支持 Excel 50，Excel 80，Excel 100，Excel 500，Excel 600 和 Excel Smart 控制器。

（2）操作

①创建新控制器。在将控制程序下载到实际的 DDC 中之前，必须将所需的设备信息保存在控制器里，因此，创建好设备原理图、控制策略以及开关逻辑之后，有必要选择一个已有的控制器或者建立一个新的控制器。选择 CARE 菜单栏中 Controller 的下拉菜单项 New，显示 New Controller 对话框，如图 3.127 所示。

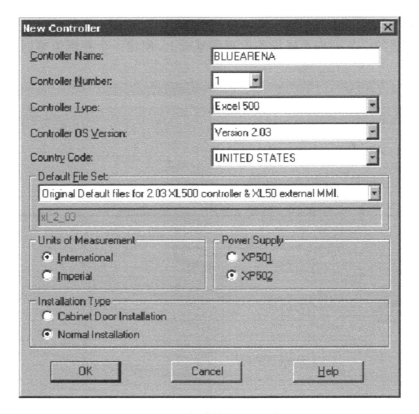

图 3.127　新建控制器对话框

Controller Name：控制器名称。最多允许 15 个字符。控制器名称在工程中必须是唯一的。

Controller Number：控制器编号。可以在 1 到 30 数字中选择一个编号，在工程中也是唯一的。

Controller Type：控制器类型。缺省为 Excel 500。可以选择不同的类型，如 Excel 100、Excel 80、Excel 50、Excel 500、Excel 600、Excel Smart 或 Elink。

Country Code：国家代码。可以选择国家，软件将提供正确的语言。缺省语言依赖于 Windows 操作系统的版本。

Default File Set：根据所选的控制器操作系统版本选择正确的缺省文件。

②给控制器添加设备。将一个新的设备附加到控制器上，使得 CARE 软件可以进行有效性检查。比如，用户将设备附加到 Excel 80 控制器上，如果设备原理图上定义了太多的点，CARE 将产生一个警告。在添加设备的时候，需要退出设备原理图、控制策略以及开关逻辑功能窗口。

选择 CARE 菜单栏中 Database 的下拉菜单项 Select，或者单击工具栏上的选择对话框按钮，进入 Select 对话框窗口，展开相应的工程文件夹，选择所需的控制器，将会出现一个带有控制器名称的新窗口。接下来选中 CARE 菜单栏中 Controller 的下拉菜单项 Edit，单击 Attach/Detach Plants 或者工具栏上的附加/分离设备功能按钮，显示 Attach/Detach Plants 对话框，如图 3.128 所示。对话框的左边列出了未被添加到控制器的设备，右边列出了已经附加到控制器的设备。

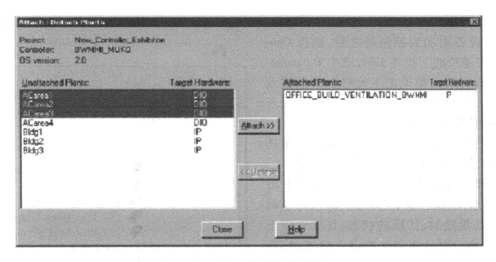

图3.128 附加/分离设备对话框

此时,选中左边需要添加的设备,单击"Attach≫"按钮,软件会显示 Attach/Detach 消息窗口,开始添加过程,如果没有错误的话,一个设备立即被附加到控制器内。同样,如果用户要将一个设备从控制器分离出来,也只需选中右边要分离的设备,单击"≪Detach"按钮即可。

(3)举例

将设备 Air 添加到控制器 CONTROL1 中,如图3.129所示。

图3.129 控制器举例

9)编辑器

(1)介绍

CARE 包括3个不同的编辑器,分别是:

①混合文本编辑器(Miscellaneous Text Editor):定义和编辑缺省的以及自定义的文本,如点描述、报警文本、工程单位、特性等。

②数据点编辑器(Datapoint Editor):分配和修改点的属性。比如,由混合文本编辑器定义的文本,用户地址,延迟时间等等。数据点编辑器只当设备附加在控制器之后才能使用。混合文本编辑器是包括在数据点编辑器中的。

③缺省文本编辑器(Default Text Editor):在一些特殊的地方,自定义工程缺省信息。

（2）操作

在设备附加到控制器之后,选择 Controller 菜单项的下拉项 Edit,选中 Datapoint-Editor 选项或直接单击工具栏上的数据点编辑器,进入 Datapoint Editor 窗口,并展开每种类型的点,如图 3.130 所示。

对于数字量,无论是物理输入、输出还是伪点,其工程单位是和状态相联系的。一般把逻辑 0 看作是一个基本的、稳定的、静止的状态,比如对应于 Normal、OFF;而逻辑 1 看作是激励的、活跃的状态,比如对应于 Alarm、ON。因此在定义数字点状态时,事先必须明确状态和 0、1 的对应关系。比如这个 AirHandle 工程的例子,定义数字量伪点 AirSuWi,在数据点编辑器中,设定状态 Summer 为 1,Winter 为 0;物理点 AirFan-Trip,设定状态 Alarm 为 1,Normal 为 0。

10）时间程序

（1）介绍

可以使用时间程序为设备的控制创建时间顺序。例如,设定 HVAC 开启和停止的时间。一个控制器最多可以有 20 个时间程序。时间功能是与开关逻辑、控制策略相结合的,因而提供了按时间表作出编程决策的能力。

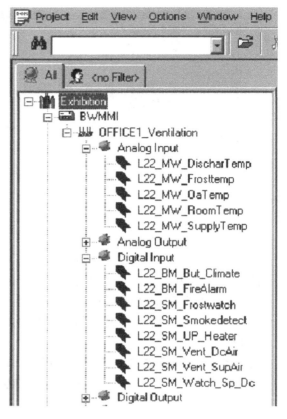

图 3.130　数据点编辑器

时间程序主要分为日程序、周程序、假日程序以及年程序。在建立时间程序之前必须使用 Editors 确定所需点的类型。

日程序列出了点、每日点的动作和时间。将日程序应用于一周（周日到周六）的每一天,可生成系统的周程序,周程序应用于一年的每一周。年程序用一些特殊的日程序来确定时间周期,同时年程序需要考虑当地情况,如地方节日和公众假期。每个时间程序也可以定义假期以及假期程序所使用的日程序。

例如:控制器 1 下的时间程序 1,其中所需的点为 hvac_ctrl 和 min_hvac。

周程序	日程序名称
Monday	normal_daily
Tuesday	normal_daily
Wednesday	normal_daily
Thursday	normal_daily
Friday	normal_daily
Saturday	Weekend
Sunday	Weekend

这里的 normal_daily 日程序的日程表是:

| 06:00 | hvac_ctrl | on |
| 18:00 | hvac_ctrl | off |

即早上 06:00 置 hvac_ctrl 为 ON,到晚上 18:00 为 OFF。

Weekend 日程序的日程表为:

| 12:01 | min_hvac | on |
| 23:59 | min_hvac | off |

即上午 12:01 置 min_hvac 为 ON,而到晚上 23:59 置为 OFF。

对于周程序来说,从周一到周五采用 normal_daily 日程表,而周六周日采用 Weekend 日程表。

(2)操作

选中 CARE 菜单栏中 Controller 的下拉菜单项 Edit,单击 Time Program Editor 或工具栏上的时间程序编辑器功能按钮,进入时间程序编辑器窗口。在此窗口下,可以完成时间程序(包括日程序、周程序、假期程序以及年程序)的创建、修改、删除等功能。

①日程序。日程序为所选的点指定了开关时间,设定值以及开关状态。在时间程序编辑器窗口选择 Daily Program 菜单选项进入 Daily Program 对话框,如图 3.131 所示。

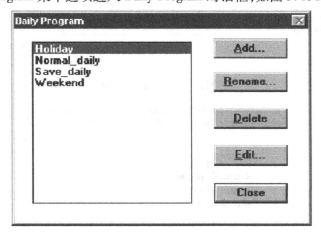

图 3.131　Daily Program 对话框

用户可以添加新的日程序,也可以对已有的日程序进行改名、删除或编辑,如图 3.132 表示 AC1ClgPump 点在上午 12:00 为 ON,而到晚上 12:00 为 OFF。

②周程序。每个时间程序只有一个周程序,它将为一周的每一天选择一个日程序。在时间程序编辑器窗口选择 Weekly Program 菜单项进入 Assign daily program(s) to week days 对话框,如图 3.133 所示。

用户可以选择已存在的日程序,将其分配给周程序,如图 3.134 所示。

③假期程序。用户可以为像圣诞节和复活节这样的假日安排特殊的日程序,选定的日程序可以应用于每年的这个假期。在时间程序编辑器窗口选择 Holiday Programs 菜单项进入 Holiday Programs 对话框,如图 3.135 所示。

用户可以选择已存在的日程序,将其分配给假期程序,这类似于周程序。

④年程序。即用特定的日程序来定义一段时期的程序,可以定义超过一年的年程序。年

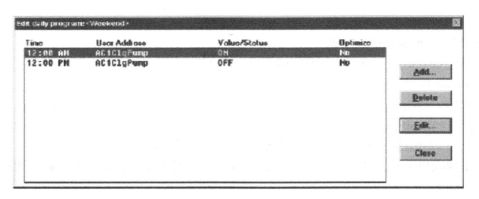

图 3.132　编辑日程序

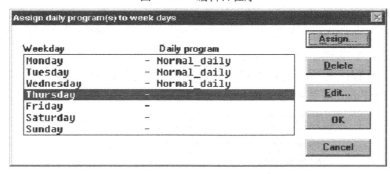

图 3.133　周程序安排

图 3.134　选择日程序

程序比周程序有更高的优先级。在时间程序编辑器窗口选择 Yearly Program 菜单项进入 Yearly Program 对话框,如图 3.136 所示。

　　用户可以定义一个新的年程序,填入开始和结束的时间范围,并给其分配日程序,如图 3.137所示。

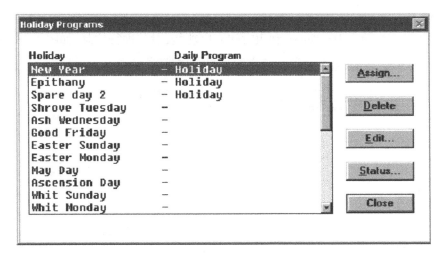

图 3.135　假期程序安排

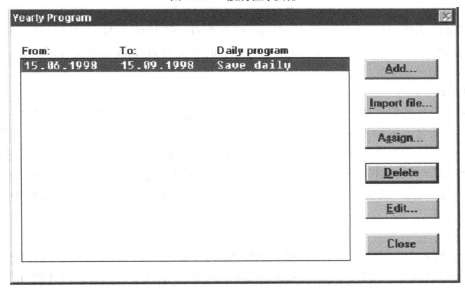

图 3.136　年程序对话框

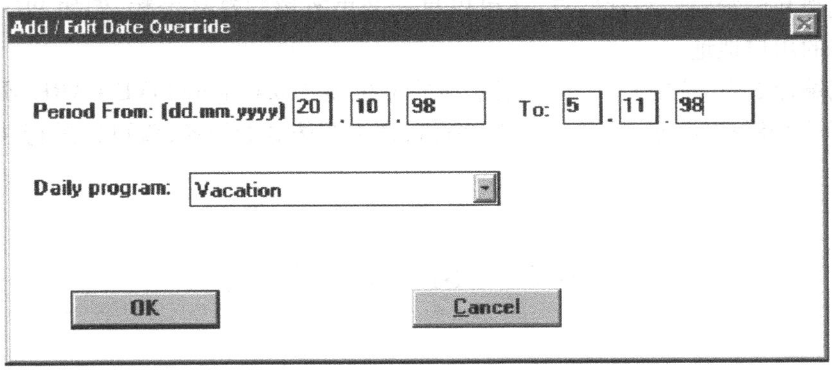

图 3.137　增加/编辑数据对话框

（3）举例

前面定义了一个伪点 DayTimer,利用时间程序功能,对其进行控制,如图 3.138 所示。

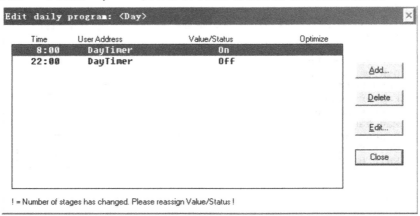

图 3.138　时间程序举例

该日程序表明,早上 8 点以后 DayTimer 状态为 On,即 1;晚上 10 点以后,状态为 OFF,即 0。也就是说,当时间在早上 8 点至晚上 10 点之间,开关表的 DayTimer 条件行满足。

11）编译和仿真

（1）编译

当完成设备的原理图、控制策略和开关逻辑的创建,并将设备附加到控制器之后,就可以将其编译成适合下载到控制器(DDC)的文件格式。选择 Controller 菜单项的下拉项 Translate 或单击工具栏上的编辑器功能按钮,软件开始编译。在编译过程中,窗口会显示消息和警告,当编译完成的时候,软件会在编译窗口的底部显示下面的消息:RACL generationcompleted successfully。此时,用户可以进一步进行模拟仿真(使用 Live CARE 软件)或下载到 DDC 中进行实际运行操作。

（2）仿真

Live CARE 是一个图形软件包,和 CARE(Excel CARE)一样,Live CARE 也在 Windows 下运行。Live CARE 的接口与 Excel CARE 的接口匹配以提供设计与执行间的连接,LIVE CARE 可在 CARE 内选择,并且独立执行。当使用 LIVE CARE 时候,用户可在控制策略和开关逻辑的环境下监视和设置硬件和软件点,还可以显示及更改控制符号参数,例如 PID 值并显示硬件与软件点的用户地址。

当完成编译之后,选中 Controller 菜单项的下拉项 Tools,单击 LIVE CARE 项或工具栏上的 Live CARE 功能按钮,进入 Live CARE 窗口,选中要仿真的设备,就可以进行在线仿真或静态仿真。

技能 2　EBI 管理系统应用

1）案例介绍

某饭店内具有大量的智能化设备和系统,特别需要采用一套先进的一体化集成管理系统,将建筑物内相关的弱电子系统集成起来,构成一个相互关联、统一协调的集成管理系统。该系统需要以先进、成熟的信息技术、控制技术和管理与决策手段为依托,为整个智能化系统构造一个统一的信息平台,以实现各应用子系统的统一监控和管理。基于成熟、先进、实用的原则,把构成智能建筑的弱电各子系统(BA,SA,FA,OA,CA),由各自独立分离的设备、功能和信息集成一个相互关联、完整和协调的综合系统,使系统信息高度共享和合理分配。

工程承包公司推荐采用美国霍尼韦尔(Honeywell)公司最新推出的企业级楼宇集成管理系统(Enterprise Building Integrator,即EBI系统)。EBI一体化集成系统可以从不同层次的需要出发,提供各种完善的开放技术,实现各个层次的集成,从现场层、自动化层到管理层。该系统自推出到现在,已在多个国家、地方及多种不同类型的建筑物上应用。

EBI系统是采用WEB技术的建筑物自动化系统,它包括一组安保系统、机电设备管理系统和防火系统管理软件等。它采用WEB化窗口,可以控制一座或多幢建筑物的楼宇控制系统,从暖通空调、照明、节能、防火、保安直到财务和人事管理,并可以将企业中所有的相关数据库连锁在一起。

在集成系统中,承包公司推荐将楼宇自控系统、安全防范系统、门禁管理系统、消防自动报警系统进行一体化集成。

在EBI集成管理系统的配置中,根据所集成系统的产品,如美国AD公司的闭路电视监控系统、美国Honeywell公司的楼宇自控系统、门禁系统、消防系统等提供了专用的接口;同时EBI系统中支持OPC Server、AdvanceDDE、API等开放型接口,以后可根据需要进行其他系统的集成。

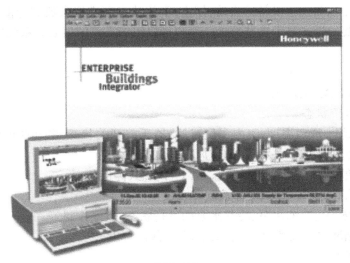

图3.139

2)EBI系统设计

(1)系统集成设计原则

①标准化。本工程设计及其实施将按照国家和地方的有关标准进行,所选用的系统、设备,产品和软件将尽可能符合工业标准或主流模式。

②先进性。工程的整体方案及各子系统方案将保证具有明显的先进特征。考虑到电子、信息技术的迅速发展,本设计在技术上将适度超前,所采用的设备、产品和软件不仅成熟而且

能代表当今世界的技术水平。

③合理性和经济性。在保证先进性的同时,以提高工作效率,节省人力和各种资源为目标进行工程设计,充分考虑系统的实用和效益,争取获得最大的投资回报率。

④结构化和可扩充性。集成网络系统的总体结构将是结构化和模块化的,具有很好的兼容性和可扩充性,既可使不同厂商的设备产品综合在一个系统中,又可使系统能在日后得以方便地扩充,并扩展其他系统厂商的设备产品。

（2）系统集成设计目标和内容

饭店智能化系统在系统集成后,将达到以下功能:信息、资源高度共享;便于统一管理及维护,减少使用成本;提供良好的工作环境,提高工作效率;便于全局协调管理,提高对突发事件的响应能力,使主管人员迅速作出决策,减少突发事件造成的损失。

以下对大厦集成的目标和内容进行分类描述:

①对各机电子系统进行统一的监测、控制和管理。

系统集成是将分散的、相互独立的弱电子系统,用相同的环境、相同的软件界面进行集中监视。经理、部门主管、物业管理部门以及管理员可以通过自己的桌面计算机进行监视;他们可以看到环境温度、湿度等参数,空调、电梯等设备的运行状态,大楼的用电、用水、通风和照明情况,以及保安、门禁的布防状况,消防系统的烟感、温感的状态等。这种监控功能是方便的,可以以生动的图形方式和方便的人机界面展示用户希望得到的各种信息。系统集成能够对弱电子系统中重要的点的状态和信息进行监测,用户通过服务代理和单元接收这些数据到他们的工作站。系统中的任何用户通过组态,都可以对任何弱电子系统进行统一和全面的监测和管理。用户可以监视和观察设备的启动、停止、事故状态和模拟参数的量值等,这些设备将以对象的形式按需要的模式显示在屏幕上。用户可以组织需要的报表。系统监测的内容有以下几方面。

a. 楼宇自控系统系统检测内容。

室外:室外温湿度、室外照度。

水箱:高低水位状态。

新风、空调机组:风道温度,室内温度,过滤器压差开关状态,电动两通阀开度,风机故障状态,风机运行状态,防冻开关状态,调节风口控制值等。

电梯:电梯故障状态,电梯运行状态,上下行状态,停层状态。

水泵:故障状态,运行状态、启停控制。

冷冻站:冷水机组、冷冻水泵、冷却水泵的运行状态、启停控制等。

热交换器:循环水温度值,循环水压差调节,阀门开度。

照明:控制状态。

冷却塔:故障状态,运行状态,水位状态。

电力:电量,电压值,电流值,频率,有功功率,功率因数等。

b. 安全防范监测内容

这包括:摄像机图像监视;摄像机云台控制;报警系统状态监测;门禁系统状态监测。

c. 消防报警系统监测内容

烟感:正常、报警。

温感:正常、报警。

还包括:联动设备状态,其他消防报警系统传来的资料。

②实现跨子系统的联动,提高大厦的功能水平。

智能化系统实现集成以后,原本各自独立的子系统在集成平台的角度来看,就如同一个系统一样,无论信息点和受控点是否在一个子系统内都可以建立联动关系。这种跨系统的控制流程大大提高了大楼的自动化水平。例如:上班时楼宇自控系统将办公室的灯光、空调自动打开,保安系统立刻对工作区撤防,门禁、考勤系统能够记录上下班人员和时间,同时 CCTV 系统也可由摄像机记录人员出入的情况。当大楼发生火灾报警时,楼宇自控系统关闭相关区域的照明、电源及空调,门禁系统打开房门的电磁锁,CCTV 系统将火警画面切换给主管人员和相关领导。这些事件的综合处理,在各自独立的弱电系统中是不可能实现的,而在集成系统中却可以按实际需要设置后得到实现,这就极大地提高了大楼的集成管理水平。

BMS 跨系统的联动,实现全局事件的管理和工作流程自动化是系统集成的重要特点,也是最直接服务于用户的功能。BMS 通过对各子系统的集成,更有效地对大楼内的各类事件进行全局联动管理,这样节省了人力,也提高了大楼对突发事件的响应能力,使主管人员迅速作出决策,以减少某些事故带来的危害和损失。同时可以通过编制时间响应程序和事件响应程序的方式来实现大楼内机电设备流程的自动化控制,节省能源消耗和人员成本。采用集成智能建筑物管理系统,系统间的联动方式几乎是任意的,联动方式可以编程,能够根据用户的需求设定。如:

a. CCTV 与其他系统联动。

● CCTV 与保安系统联动。

防盗报警信号可以联动报警区域的摄像机,将图像切换到控制室的监视器上,并进行录像。

多个报警信号出现时,报警信号可以按顺序切换到不同的监视器上,报警解除后图像自动取消,防止漏报。

有人在防盗系统设防期间进入安装探测器的办公室或开启安装门感应器的房门时,CCTV 系统可在控制室内自动切换到相应区域的信号。

● CCTV 与消防报警系统联动。

火灾报警系统出现火警信号时,该区域摄像机信号切换到控制室监视器上,观察是否误报及火情大小。

b. 消防报警系统与其他系统联动

消防报警系统本身具备了国家规定的联动功能,但其并不能够实现弱电系统的全面联动,与其他系统联网后除了能够实现与 CCTV 系统的联动外,还可以实现多种功能的联动。

● 消防报警系统与门禁系统的联动。

当出现火警后 BMS 可以联动读卡机电磁锁,打开出现火情层面的所有房门的电磁锁,以确保人员的迅速疏散。

● 消防报警系统与配电照明系统的联动。

消防报警系统与配电照明系统和通风系统的联动是在出现火警时关断相应层面的新风机组、风机盘管和配电照明,防止火情进一步扩大。

● 消防报警系统与故障监测。

由于楼宇自控系统对消防报警系统的重要部件设备进行监视,当消防报警系统设备出现故障以后会立刻通知相关的部门。

c. IC 卡系统与其他系统联动

IC 卡系统除了与防火系统和 CCTV 系统联动还可以与照明系统相联动。

● IC 卡系统与照明系统联动。

当有人读卡时,照明系统将打开相应区域的公共照明,并根据设定的延时时间关闭灯光照明。

● IC 卡系统与空调系统联动。

IC 卡系统也可与新风机和风机盘管系统联动,通过 IC 卡控制打开新风机组和风机盘管,当有人进入办公室后打开空调。

● IC 卡系统与保安系统联动

当保安系统出现报警时,IC 卡系统也可以按照程序关闭指定的出入口,只能由保安人员打开。

(3)EBI 集成管理系统的特点

①EBI 系统在网络数据域是由中央服务器及操作站、通信子网和相关的系统及应用软件所构成的局域网环境。该系统以太网(IEEE802.3)作为物理标准,TCP/IP 为通信协议,并采用 Windows NT 操作系统。

②EBI 系统的网络配置遵循分散控制、集中监视、资源和信息共享的基本原则,是一个工业化标准的集散型控制系统。

③采用 EBI 服务器软件,该系统的网络符合 BACnet 协议标准,具有多种开放性接口。EBI 可根据需要选用 ODBC、API、Microsoft Excel、Data Exchange、Advance DDE/DDE 和 OPC 等接口软件。通过这些开放的标准数据库接口软件,提供网络数据的共享模式。本方案已将楼宇自控系统与安保系统、消防报警系统集成在一起,与其他系统的通信可通过 ODBC(EBI 软件已含)、OPC Server 或选用 API 接口。

④EBI 系统除了提供设备日常的运行方式外还提供多种节能优化控制技术,提高设备运行的合理性,自动保持设备运行在最佳工况,使这一主流能耗系统经济运行,同时延长设备使用寿命,从而使 BA 系统获得最显著经济效益。通过系统集中管理和调度,充分发挥系统对大厦机电设备的整体协调与配合功能。

⑤EBI 系统除了其功能强大的监控功能和开放性外,大屏幕的汉字显示。能准确显示各设备的运行状态并能可靠地控制相应设备;具有强大的报警和报表功能,包括实时地提供机电设备的运行时间、故障情况等资料和报表,供集中分析,为设备管理决策提供依据和手段,全面实现机电设备管理的自动化。

(4)系统集成的网络结构和组成

系统集成是一个紧随计算机和网络技术发展的综合应用系统工程。随着网络技术越来越普及,人们已经认识到了它给我们带来的巨大好处。越来越多的系统产品增加了通信接口,具有了和外部交换数据的能力。这种趋势和计算机、网络技术的发展密切相关,这是现代技术发展的主流。

由于智能化系统产品的多样性,其技术不断在更新发展,众厂商的解决方案也各不相同。信息交换的方式有通过软件方式,有通过硬件接口,即使采用相同的通信规范,其传送的数据格式也各有自己的定义。要将这些不同类型的数据模式整合起来进行集成管理,性能最灵活、功能最强大的方法是采用计算机网络集成形式。

在系统中可使用通信网关实现和各子系统的通信连接,然后转变为统一的数据格式向网络上发布。它可以适应不同类型的接口和数据格式,也不会在传送通道产生瓶颈。另一方面,系统集成主要的目的是对各子系统综合管理,以及向信息服务系统提供资源。这种数据并不是各种无序信息的集合,而是将这些数据处理后以标准的格式提供给整个网络的应用系统,例如建立开放的网络公共数据库。

采用 TCP/IP 通信协议,加上网络环境下的分布式客户机/服务器工作模式,将使系统具备极其强大的功能。以此建立的弱电集成系统会拥有当今计算机区域网所能提供的一切优越性:先进,开放,灵活,标准化,可扩充,…… 这是以往任何集成方案都无法和它相比的。这一切,只有计算机网络平台才能做到。所以真正意义上的系统集成,唯一合理的方案就是建立计算机区域网络-Intranet。

本方案中采用的 EBI 系统(R110)构架如图 3.140 所示,可以看到首先 EBI 系统能够将 Honeywell 公司 Excel5000 楼宇自控系统、XLS1000 消防自动报警系统、Video Manager 数字监控系统、WSE 门禁管理系统方便地集成到一起,同时可以提供各种通用的协议接口,如 AdvanceDDE、BACnet、Lonworks、OPC Server 等,这是一种全面的系统集成解决方案。

Honeywell 公司 EBI 集成管理系统构架如图 3.140 所示。

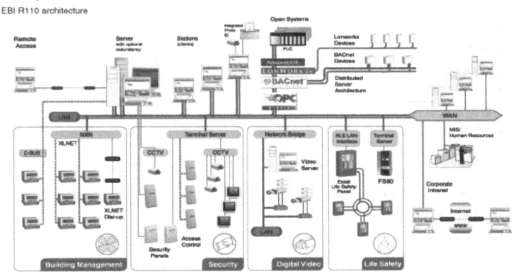

图 3.140　Honeywell 公司 EBI 集成管理系统构架

EBI 系统包括软件和硬件两个部分。软件包括系统服务器软件,客户端软件,数据采集软件,数据集成及因特网软件等。硬件包括服务器,操作站,控制器等。

(5)EBI 服务器软件

①实时数据库。实时数据库用于存储机电设备控制及防火、保安三个子系统的实时数据,这个数据库是平面文件型数据库,它的文件结构只有一层关系。该数据库每次只处理一个文件,数据库只使用一种表格。

②相关数据库。相关数据库将信息按行和列存储在表格中,利用表格中某写列数据,可查找其他表格中的数据,文件结构存在多层关系。每张表格的列代表域,行代表记录。可将某张

表格中的域数据与其他表格中的域数据相匹配,从而产生所需要的包含前两项表格内容的第三张表格。

③报警控制软件。

a. 历史数据与趋势数据软件系统接口软件软件运行环境 WINDOWS NT 4.0＋SP4SP5：

- INTERNET　EXPLORER　4.01＋SP1；
- PERSONAL　WEB　SEVER；
- INTERNET　INFORMATION　SEVER；
- EBI　R110.1。

b. EBI 客户机软件：

- 操作站；
- 图形用户接口；
- DISPLAY　BUILDER；
- QUICK　BUILDER；
- WINDOWS　NT　WORKSTATION。

c. 数据采集软件：

- ODBC 驱动器；
- EXCEL　DATA EXCHANGE；
- BACNET　SEVER；
- OPC　SEVER；
- PEOPLESOFT；
- SAP。

d. 数据集成软件：

- NETWORK API；
- OPC；
- ADVANCE　DDE　S/W；
- BACNET　STATION；
- PEOPLESOFT；
- SAP。

e. 因特网应用软件：

- ActiveX　Scriping；
- ActiveX　Documents；
- SafeBrowse。

(6)EBI 系统软件功能

①控制功能。即能在 EBI 中央通过对图形的操作即可对现场设备进行手动控制,如设备的 ON/OFF 控制;通过选择操作可进行运行方式的设定,如选择现场手动方式或自动运行方式;通过交换式菜单可方便地修改工艺参数。

EBI 对系统的操作权限有严格的管理,以保障系统的操作安全。

EBI 对操作人员以通行字的方式进行身份的鉴别和管制。操作人员根据不同的身份可分为从低到高 6 个安全管理级别。

EBI 软件能自动对每个用户产生一个登录/关闭时间、系统运行记录报告。5～60 min 用户自定义的自动关闭时间,以防操作员偶尔离开时的系统安全。

②先进的报警功能。当系统出现故障或现场的设备出现故障及监控的参数越限时,EBI 均产生报警信号,报警信号始终出现在显示屏最下端,为声光报警(可选择),操作员必须进行确认报警信号才能解除。但所有报警多将记录到报警汇总表中,供操作人员查看。报警共分 4 个优先级别。报警可设置实时报警打印,也可按时或随时打印。

③综合管理功能。EBI 对有研究与分析价值、应长期进行保存的数据,建立历史文件数据库:采用流行的通用标准关系型数据库软件包和 EBI 服务器硬盘作为大容量存储器建立 EBI 的数据库,并形成棒状图、曲线图等显示或打印功能。

EBI 提供一系列汇总报告,作为系统运行状态监视、管理水平评估、运行参数进一步优化及设备管理自动化的依据,如能量使用汇总报告,记录每天、每周、每月各种能量消耗及其积算值,为节约使用能源提供依据;又如设备运行运行时间、起停次数汇总报告(区别各设备分别列出),为设备管理和维护提供依据。

EBI 可提供图表式的时间程序计划,可按日历定计划,制订楼宇设备运行的时间表,可提供按星期、按区域及按月历及节假日的计划安排。

④通信及优化运行功能。

EBI 中央站采用 Windows NT 操作系统、以太网连接和 TCP/IP 通信协议,通过 ODBC,API 等接口方式与其他子系统及 IBMS 服务器通信,传送综合管理、能源计量、报警等数据,并接收其他系统发出的联动及协调控制命令,以便控制整个大厦设备的优化运行。

技能 3　BAS 系统设计

1)案例概述

某大楼是一座以高标准设计建造的综合性智能建筑。建设目标是为入住和管理人员提供净化、高效、舒适及安全的会所环境。建筑设备自动化管理系统(BAS)内容主要包括温湿度测量、空调、给排水、电力、照明、电梯、采暖等。

随着现代电子技术、网络技术、控制技术以及计算机软件的高速发展,对于建筑的结构、系统、服务以及管理的最优化组合要求越来越高,要求提供一个合理、高效、节能、舒适的工作环境。由于建筑内机电设备的前端设备较多,且分散在楼层各个角落,如果采用就地监测和人为操作,必将占用大量人力资源。当建筑规模较大时,人工管理将很难实施,特别是暖通空调系统的动态调节环节,人工管理根本无法实现。而采用集散式自动化管理系统,利用现代控制技术、网络技术、电子技术等实现对建筑内重要机电设备以及前端设备进行监控,可以方便地实现这些设备的安全高效节能运行,实现自动化的管理和控制。出现故障时,建筑设备自动化管理系统能够及时监测何时何地出现何种故障,大大提高了维修维护工作的及时有效性。

2)需求分析

楼宇自控系统是该项目的重要组成部分,作为建筑内机电设备运行信息的交汇与处理中心,能够对汇集的各类信息进行判断和处理,实现对各个机电设备实时监视、控制和管理。这样不但可以提高建筑管理的效率和生产的能力,降低运行成本,更可以发挥在建筑发生突发事件时对全局事件的处理和控制能力,将灾害损失减少到最低程度,从而有效地提升建筑的整体管理水平。

本建筑 BAS 主要监控如下内容:

①冷热源设备的控制、监测、记录及报警;

②空调\新风设备的控制、监测、记录及报警;

③给排水设备的控制、监测、记录及报警;

④电梯系统的监测、记录及报警;

⑤系统应采用集散控制系统,分散故障的发生点,当某一区域(系统)发生故障时不影响整个系统的运行,从而提升该系统的可靠性。

⑥系统采用集散控制系统,即对于机电设备采用现场控制器的方式,当某一台现场控制器发生故障时不影响其他控制器的运行;对于被集成的子系统来说,当某一个系统发生故障时不影响其他系统的运行。

3)BAS 系统设计

(1)系统简述

楼宇自控系统(BAS)是建筑智能化系统中重要的分系统。该项目的楼宇自控系统对大楼内温湿度测量、空调、通风设备等设备监控,从而实现建筑机电设备的自动化,起到集中管理、分散控制、节能降耗的作用。

(2)设计重点

该项目是 BAS 系统设计应以满足工程的要求、采用先进的技术和系统,根据有关图纸、以最高价格性能比为原则,采用优化的设备配置、运行方案及管理方式,为建筑提供高效率的系统管理,为建筑的机电设备提供良好的运行环境,为厂房提供净化、舒适的工作环境。

结合该项目的实际功能,设计方认为,在本工程的楼宇自控系统的设计和应用中,主要应突出以下重点:

①采用先进的技术和产品,为该项目提供一个高效、节能、可靠的智能控制系统,对建筑的机电设备予以控制,实现绿色、智能的建设目标,充分展现现代化建筑在智能化管理上的特点。

②所采用的系统应是一个具有国际先进水平的一流产品,同时也具有良好的性价比。其先进性应体现在硬件产品成熟、优质,在国际上有过相当长时间的应用历史背景。在软件上应具有良好的人机界面,便于日后管理人员的维护和管理。

③针对该项目机电设备分布特点,配置 DDC 控制器以保证系统配置的余量和系统扩充能力。

④合理配置 DDC 控制器,DDC 的分配上要考虑日后施工和管理的便利,便于维护和安装,所有 DDC 控制器具有现场手动控制。另外,在配置 DDC 控制器上还应尽量分散配置,不应将设备过多集中的某一个或某几个 DDC 控制器上,分散故障的发生点,提高系统的可靠性。

⑤采用高性能的现场传感器和执行机构,保证系统的使用寿命。所采用的产品已有一百多年的应用历史,其平均寿命超过 13 年,是目前市场上最为先进的自控产品。

⑥结合建筑特点,提供机电设备的监控、管理功能,以保证该项目的环境净化、管理高效性,同时提供多种节能措施,实现绿色建筑的最终目标。

(3)设计目标

设计单位为该项目设计的楼宇自控系统应该是一个具有国际先进水平的集散式现代化控

制系统。该系统分散控制、集中管理,使管理者在中央控制室内即可完成对整个建筑群内所有控制设备的监控和相应的各种现代化管理。控制系统应满足以下特点:

①先进性。楼宇自控系统不仅应该保证目前的先进性,而且还应具有一定的超前性。

②开放性。开放系统对用户有极大的好处,尤其在系统的整个生命周期中,降低了维修和管理费用,使系统重新配置和技术升级换代变得更加容易。

③适用性。根据该项目的总体规模,楼宇自控系统整体和各功能环节都应预留有足够的容量,避免了总容量不足或环节瓶颈作用。

④经济性。在保证先进性和适用性的前提下,力争以最小的经济代价,以最低的运行、维护费用获得最大的经济效益和社会效益。

⑤可扩展性。在设计阶段,充分考虑系统的扩展需要,留有 20% 左右的点数,以备小规模的扩展。另外,系统是星型总线结构,如需大规模扩展,可另建一分支总线。

⑥可管理维护性。通过图形化界面的管理系统维护、管理设备和系统的状态,进行远程监控,减少了工作人员的劳动强度、降低了费用。

采用楼宇自控系统的目的在于:

①确保环境舒适。通过控制系统对各种参数的实时监测与控制,建筑物内的空气品质、温度等恒定在一个使入驻人员感到舒适的范围,从而保证建筑物内环境的舒适性。

②提高设备的整体安全水平和灾害防御能力。通过控制系统对建筑物内大型机电设备运行实时监测,可使值班人员及时发现故障、问题与意外消灭故障于隐患之中,排除故障于隐患之中,保证人员与建筑物的安全。

③最佳控制达到节能的目的。通过软件对全楼的设备进行调整,根据实际负荷对设备运行进行在线调节,可大量减少不必要的浪费,从而达到节能的目的。统计资料表明,可节省能耗 15% ~30% 。

④使设备高效运行,减轻人员的劳动强度。通过计算机对各种设备的实时监测、控制与管理,设备的操作、维护、管理均由运行程序自动完成,这样不仅节省人力资源,而且避免了复杂的人事管理问题,可节省 40% ~60% 的人力,也节省了大量的人力开发。

⑤设备维护工作自动化。控制系统不断地、及时地提供有关设备运行情况的资料,集中收集、管理,作为设备管理决策的依据,实现设备维护工作的自动化。

⑥延长设备的使用寿命。设备在控制系统的统一管理下始终处于最佳运行状态,及时报告设备的故障情况并处理;按照设备的运行状况打印维护、保养报告,避免超前或延误维护,相应延长设备使用寿命,也等于节省资金。

(4)系统选型原则

在选用产品时,首先应从该智能建筑的要求出发,但同时要考虑市场可提供的商品特性。为保证系统的可靠运行,不允许使用不成熟的技术,也不宜选用尚未商品化的商品。通常,选型时重点考虑的因素如下:

①高可靠性。首先,要求系统硬件设备具有很高的可靠性;同时,还必须配备丰富、可靠的软件。任何系统从设计、制造、程序编制到系统的组态过程都应十分重视可靠性。在实际工程应用中,成功应用的数量与范围,也是一种间接评价产品或系统的方法。

②组态方便,扩展性能好。模块化积木式结构可以简便地从几个回路、几台 DDC 扩展至几百个回路,超过上万个 DDC 的大系统。

③控制功能多样化。除常规的 PI 及 PID 运算外,还应能实现自适应等多种控制功能。

④系统的开放性与兼容性。为使更多的设备方便地联网,要求通信协议应是开放的、通用的,具有很强的兼容性。

⑤人机界面友好、方便运行管理。由于我国技术水平长期处于中下水平,设备维护人员的技术素质不可能飞跃,因此,要求人机界面友好,显示形象、操作简便。

⑥性能价格比高。从传感器、执行器、控制器至系统,甚至包括管线施工与安装费用均应在保证使用的前提下,尽量降低成本,控制与管理软件应尽量减少能源消耗与运行费用。

ComfortPointTM 是霍尼韦尔最新的基于以太网技术并使用 BACnet 协议的建筑设备监控系统,设计目的在于精简程序、简化操作并帮助客户在现在和未来节省成本。它提供了一种集成图形化编程环境,可实现多重协议解决方案的连续单一工具应用,最大程度扩大其功能,改进设计,从而提高效率。

ComfortPointTM 完全符合国际标准 ISO/TC205WG3 对建筑设备监控系统具有管理层(管理级网络)、自动化层(监控层网络)、现场层(现场控制层网络)三层结构的网络结构要求。ComfortPointTM 采用分布式局域网结构,是一套开放式计算机网络系统。最上层信息域的干线,采用双绞线星型拓扑结构的以太网,多个系统管理工作站连接在集线器或交换机,构成局域网,实现共享网络资源以及各工作站间的通信,进而还能够和其他厂商基于 BACnet 协议的第三方系统和 ModBus 设备相连。ComfortPointTM 的选择性宽泛。用户无需将不相配的各个部件装配在一起,因为使用 ComfortPointTM 可以为任何应用选择最适合的控制器——从家用设备到完全需要编程的设备,满足任何使用情况。无需多个工作站或其他软件,用户就可从最新技术和高级解决方案中获益。集成平台能够最大程度地减少新工程中的冗余产品及系统,而非更换改装工程中的现有产品及系统。对于新工程、改装以及未来扩展的应用,ComfortPointTM 是一种非常适用的经济型解决方案。

综上所述,经过对国际上知名厂商建筑设备监控系统(BAS)产品的分析比较,同时结合对陕西省高速公路监控指挥调度大楼智能化系统工程建筑设备监控系统(BAS)部分的认真研究,最终选用最新的美国霍尼韦尔基于以太网技术并使用 BACnet 协议的 ComfortPointTM 系统为该项目定制合适的建筑设备监控系统(BAS)解决方案。

(5)系统电源供电设计

楼宇自控系统中各个控制器以及现场的用电设备(如水阀执行器、风阀执行器等等)的供电由机房进行统一供电。

(6)系统控制内容设计

根据该项目暖通空调专业、弱电专业的施工设计图纸,确定受控机电设备的数量,设计单位进行楼宇自控系统的方案设计。

①冷热源。

冷/热源系统设备如图 3.141 所示,该部分是暖通空调的心脏,对其进行有效的控制和管理是很关键的,包括制冷机组、冷冻水泵、热水循环水泵、换热站、膨胀水箱、软化水箱。

监测及控制内容包括:

a. 本系统主要监测制冷机组的运行状态、故障状态、手/自动状态、水流状态、控制制冷机组的启/停;

b. 监测冷冻水泵的运行状态、故障状态、手/自动状态、控制冷温水泵的启/停;

c. 监测热水循环水泵运行状态、故障状态、手/自动状态、控制冷却水泵的启/停;

d. 监测冷冻水供/回水温度、压力、回水流量;

e. 监测热水供/回水温度、压力、回水流量;

f. 根据监测的二次侧热水温度自动控制一次侧二通水阀;

g. 根据集水器与分水器之间的压力,自动控制压差旁通水阀。

h. 根据集水器与分水器之间的压力,自动控制压差旁通水阀。

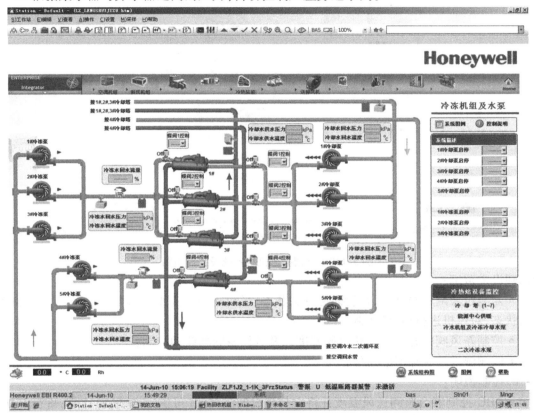

图 3.141　冷热源系统设备控制图

控制说明:

a. 启停控制。

启动:制冷机组冷冻、冷却水进、出水管上流量开关→制冷机组运行。

停止:与开机顺序相反。

b. 如有设备出现故障,程序会自动选择另一台设备补上。

c. 中央站彩色动态图形显示,记录各种参数、状态、报警、启停时间及其他的历史数据等。

②空调新风机组。

a. 空调新风机组清单如图 3.142 所示。工程中共有 13 台新风机组,3 台空调机组,分布在各层机房。

b. 监测及控制内容:

• 本系统主要检测新风机送风温度,根据送风温度控制新风机组盘管回水流量,使送风温

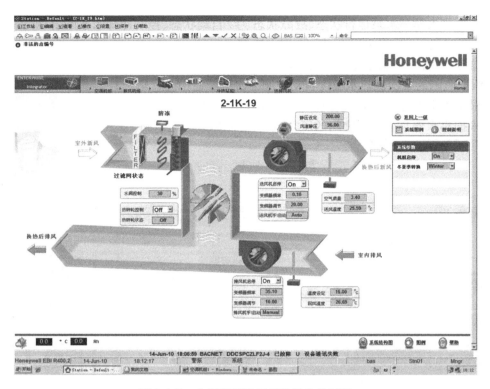

图 3.142　空调新风机组系统设备控制图

度达到设定范围；

● 监测过滤网压差状态、盘管防冻开关状态、风机运行状态监测、风机故障状态、风机手/自动状态、对风机进行启/停控制；

● 控制新风阀的开关、冷/热水阀开度以及各设备间的联动控制；

● 监测湿度控制加湿的启停。

c. 控制说明：

● DDC 控制器会监测送风温度并将它与预设的温度值（可供用户调较）比较，进行 PID 运算，然后输出至冷/热水阀，以作温度调节用。另外，此冷/热水阀会与风机状态连锁，在风机停止的情况下，夏季将冷冻水阀关死，冬季将水阀打开 50%。

● 风机开关控制。风机的开关控制主要是通过 BA 系统预设的时间表来进行启停控制的。在一些特别的情况下，如加班情况，风机有需要在预先设定时间表之外的时间启动，用户可选择在 BAS 操作站上手动启/停风机。BA 系统允许用户自行设定风机状态与控制之间的连锁监察功能。在设定此功能后，BA 系统会自动检查风机的状态是否与控制要求一致。如果不一致，BA 系统会同时定义此状态点与控制点是故障的，并以报警形式在操作站上显示，以提醒操作人员作出相应的处理。

● 风机跳闸报警监察。DDC 控制器会监察风机跳闸报警。在有报警时，停下风机并以报警形式在操作站上显示，以提醒操作人员安排有关人员做检修工作。而 BA 系统也会将有关的事项一一记录，以作日后检查之用。

● 过滤网压差状态。风机运行一段时间后，过滤网一旦发生堵塞，则系统自动发出风机过滤网堵塞报警，并以报警形式在操作站上显示，以提醒操作人员安排有关人员做检修工作。

●盘管防冻报警。风机在冬季工况下工作,当盘管表面温度低于设定值时,则系统自动发出盘管表面温度过低报警,同时停止风机运行,打开水阀,并以报警形式在操作站上显示,以提醒操作人员安排有关人员做检修工作。

●新风阀的控制。新风阀的开关与风机运行状态连锁,无论风机是在自动状态下,还是处于手动状态下,只要风机运行,新风阀则自动打开。风机停止,新风阀自动关闭。

③空调新风机组。

a.监测及控制内容:

本系统主要监测送/排风机运行状态、风机故障状态、风机手/自动状态、风机启/停控制。

b.控制说明:

●风机开关控制。风机的开关控制主要是通过BA系统预设的时间表来进行启停控制的。在一些特别的情况下,如加班情况,风机有需要在预先设定时间表之外的时间启动,用户可选择在BAS操作站上手动/启停风机。

●风机跳闸报警监察。DDC控制器会监察风机跳闸报警。在有报警时,停下风机并以报警形式在操作站上显示,以提醒操作人员安排有关人员做检修工作。

④给排水系统。

a.监测及控制内容:

本系统主要监测潜污泵运行状态、故障状态、手/自动状态、启/停控制,以及集水坑水位监测。

b.控制说明:

●集水坑水位监测及超限报警。

●根据集水坑的水位,控制潜污泵的启/停。当集水坑的水位达到高限时,联锁启动相应的水泵;当水位高于报警水位时,联锁启动相应的备用泵,直到水位降至低限时联锁停泵。

●潜污泵运行状态的监测及发生故障报警。

⑤给排水系统。

监测内容包括监测电梯的运行状态和监测电梯的故障状态。

(7)管线设计

本工程穿线管均采用KBG钢管,在被控设备较多的区域采用100×50金属桥架。新风机房内从机组到DDC控制箱的线管均采用KBG16或KBG20的钢管。限于楼宇自控系统主要传感器及阀门执行器均在设备上安装,无法采用暗敷方式,多数线管均采用沿墙或沿顶明敷方式。对于墙面上安装的传感器线管均采用暗敷方式。吊顶内敷设的线管均采用沿顶明敷方式。吊顶内桥架采用沿顶明敷方式,严格按规范安装支架,以保证桥架安装牢固、不松动。DDC控制器的通信线和电源分别穿管,沿墙敷设全部串在一起引至设备层楼宇控制中心,从设备电控箱至DDC控制箱的线管根据线量的多少严格按规范穿管敷设。线缆聚集区域采用100×50金属桥架沿控制设备附管敷设,从设备电控箱至桥架对于线量少的地方采用KBG20或KBG25钢管连接,线量大的部位直接用桥架连通,地下室DDC控制箱与主桥架采用桥架连通,以便线缆的敷设。在敷设线缆的过程中,对于线量相对较大的部位预留2至4根作为备用,以便在线缆出现故障时更换用。从线管或桥架进入DDC控制箱和被控设备控制箱内的信号线和控制线在箱内根据箱体的大小预留一定的长度,以备接线之用。备用线放置于控制箱内的线槽内,用扎线带扎好。

（8）节能措施

根据历史数据的统计以及在国外的大型节能项目的经验,建筑物的空调系统负荷占整个建筑物全年负荷的 30%～60%,照明系统占建筑物负荷的 10%～20%。故为了降低建筑物的运行成本,对空调等系统进行节能的各种控制是必要的。方案中采取了以下措施:

①最佳启动:在保证人员进入时环境舒适的前提下,根据人员使用情况,设置最佳启动时间,提前开启 HVAC 设备。

②最佳关机:根据人员使用情况,在人员离开之前的最佳时间关闭 HVAC 设备,既能在人员离开之前空间维持舒适的水平,又能尽早地关闭设备,减少设备能耗。

③设定值再设定:对新风机组和空调机组的送风或回风温度设定值进行再设定,使之恰好满足区域的最佳需要,以将空调设备的能耗降至最低。

④负荷间隙运行:在满足舒适性要求的极限范围内,按实测温度和负荷确定循环周期,通过固定周期性或可变周期性间隙运行某些设备来减少设备开启时间,减少能耗。

⑤分散功率控制:在需要功率峰值到来之前,关闭一些事先选择好的设备,以减少高峰功率负荷。

⑥零能量区域:设置冷却和加热两个设定值,有一个既不用冷也不用热的区域,实现空间温度在该舒适范围内不消耗冷、热能源的控制。

⑦拟订一般舒适度的基准温度,提高室内温度控制精度。室内温度的变化与该项目的节能有着紧密的相关性,根据统计资料表明,如果在夏季将设定值温度下调 1 ℃,将增加 9% 的能耗。如果在冬季将设定值上调 1 ℃,将增加 12% 的能耗。因此,将在夏季和冬季应根据地区平均温度状况,拟订大部分空间满足一般舒适度时的基准温度。在此基础上,对楼内的温湿度控制在设定值精度范围内是空调节能的有效措施。

⑧空调设备的最佳启停控制:通过 BAS 系统对空调设备进行预冷、预热的最佳启停时间的计算和控制,以缩短不必要的预冷、预热的宽容时间,达到节能的目的。

⑨负荷计算与机组群控:根据冷冻水供回水上温度以及流量的测量,计算出需要的冷负荷,自动调整冷冻水系统设备的投运台数,充分发挥系统控制作用,提高工作效率,可以明显地节约系统能耗。

⑩冬季模式、春季过渡模式、夏季模式及秋季过渡模式的划分。系统可以确定冬季模式、春季过渡模式、夏季模式及秋季过渡模式的开始时间标准,而且一般项目中也只使用此标准。但是由于气候的变化莫测,系统中采用了另一个重要参数——室外平均气温。室外气温平均低于(冬)或高于(夏)临界温度,同时满足这两个条件时,系统将自动进入相应的季节模式。在过渡季节时,尽可能利用新风节能。

4）系统使用功能

（1）中央站功能。

①监视功能。

EBI 以 Windows 2000/XP/2003 为操作平台,采用工业标准的应用软件和全中文化的图形化操作界面监视整个 BA 系统的运行状态,提供现场图片、工艺流程图(如空调控制系统图)、实时曲线图(如温度曲线图,可几根曲线同时显示,时间可任意推移)、监控点表、绘制平面布置图,以形象直观的动态图形方式显示设备的运行情况。可根据实际需要提供丰富的图库,并提供图形生成工具 DisplayBuilder 软件,绘制平面图或流程图并嵌以动态数据,显示图中各监控点状态,提供修改参数或发出指令的操作指示。可提供多种途径查看设备状态,如通过平面图或流程图,通过下拉式菜单或十个特殊功能键进行常用功能操纵,以单击鼠标的方式可逐级细化地查看设备状态及有关参数。

画面的转换不超过两键,画面全部数据刷新小于 2 s。

EBI 系统软件能提供一个多任务的操作环境,使得用户可同时运行多个应用程序,在运行多个实时监控程序的同时可同时运行如 Word 或 Excel 软件,也可浏览 Internet 网页,通过使用工业标准的软件来支持并行访问系统的监控操作。

②控制功能。

在 EBI 中,通过对图形的操作即可对现场设备进行手动控制,如设备的 ON/OFF 控制;通过选择操作可进行运行方式的设定,如选择现场手动方式或自动运行方式;通过交换式菜单可方便地修改工艺参数。

EBI 对系统的操作权限有严格的管理,以保障系统的操作安全。EBI 对操作人员以通行字的方式进行身份的鉴别和管制。操作人员根据不同的身份可分为从低到高 6 个安全管理级别。

EBI 软件能自动对每个用户产生一个登录和关闭时间的系统运行记录报告,用户可自定义自动关闭时间,以防操作员离开时的系统安全。

③先进的报警功能。

当系统出现故障或现场的设备出现故障及监控的参数越限时,EBI 均产生报警信号,报警信号始终出现在显示屏最下端,为声光报警(可选择)。操作员必须进行确认,报警信号才能解除,但所有报警多将记录到报警汇总表中,供操作人员查看。报警共分 4 个优先级别。

④综合管理功能。

EBI 对有研究与分析价值、应长期进行保存的数据会建立历史文件数据库:采用流行的通用标准关系型数据库软件包和 EBI 服务器硬盘作为大容量存储器建立 EBI 的数据库,并形成棒状图、曲线图等显示或打印功能。

EBI 提供一系列汇总报告,作为系统运行状态监视、管理水平评估、运行参数进一步优化及作为设备管理自动化的依据,如能量使用汇总报告,记录每天、每周、每月各种能量消耗及其积算值,为节约使用能源提供依据;又如设备运行时间、起停次数汇总报告(区别各设备分别列出),为设备管理和维护提供依据。

EBI 可提供图表式的时间程序计划,可按日历定计划,制订楼宇设备运行的时间表。可提供按星期、按区域及按月历及节假日的计划安排。

⑤通信及优化运行功能。

EBI 中央站采用 Windows 2000/XP/2003 操作系统、以太网连接和 TCP/IP 通信协议,通过 ODBC, API, OPC, BACnet 等接口方式与其他子系统及 IBMS 服务器通信,传送综合管理、能源计量、报警等数据,并接收其他系统发出的联动及协调控制命令,以便控制整个大厦设备的优化运行。

EBI 中央站与 DDC 间可直接通信,无需采用其他任何的转接设备,提高了整个系统的可靠性及运行的速度。BACnet TCP/IP 通信速率为 10/100 Mbit/s,能够满足画面刷新对通信速率的要求。

⑥BACnet TCP/IP 功能。

BACNET TCP/IP 是 HONEYWELL 中央站与 DDC 控制器进行通信的总线,它可以连接 HONEYWELL 公司的 ComfortPoint 系列控制器,也可以把第三方系统的控制网络与 BACNET TCP/IP 相连接,从而构成一种简单的低成本的管理系统。与其他控制总线不同的是,在 BAC-NET TCP/IP 中,中央工作站和 DDC 控制器设备都连接在同一层网络级别上,无需网络控制器之类的设备进行网络控制,这大大提高了系统通信的可靠性,而且具有调试方便、维护简单的特点。

BACNET TCP/IP 的通信速度可以在中央工作站进行配置,最高可达到 100 Mbit/s,可利用非屏蔽双绞线进行 BACNET MSTP 总线的连接。

a. 在 BACNET TCP/IP 上的每个 DDC 都能独立完成点对点和通信功能,即使其中一台设备出现故障,对其他 DDC 和中央工作站的控制和通信仍然无任何影响。

b. 通过 TCP/IP 和普通双绞线连网,其拓扑结构简单,可任意增加、改变或减少控制节点。

c. 在 BACNET TCP/IP 中,中央工作站和 DDC 控制器都连接在同一层网络级别上,无需网络控制器之类的设备进行网络控制,这就避免了网络控制器容易出现的通信瓶颈的问题,大大提高了系统通信的可靠性和稳定性。

d. 可以将其他网络设备直接连入 BACNET TCP/IP 中,可以很方便地实现与第三方系统的通信。

(2)DDC 功能

系统方案采用 EBI,现场直接数字控制器采用 ComfortPoint 系列控制器,DDC 的硬件及软件配置均能保证分站按独立方式运行,真正实现危险分散的集散型控制。分站软件包括系统软件(含监控程序和实时操作系统)及所需的一系列应用软件,提供编程用的 ComfortPoint Open Studio 软件,以方便用户日后的修改程序。

DDC 所配置的软件支持现场各种控制功能,支持最主要的 HVAC 的节能控制,同时也能实现与 EBI 中央及 DDC 间的同层通信。

①输入/输出点处理软件。

a. A/D、D/A 转换。

刻度及偏差设定:检测值线性化;检测器失效与无反应均能检测出;数值转换分辨率:

● 模拟/数字(A/D)分辨率(模拟输入)$\geqslant 12$ 位;

● 数字/模拟(D/A)分辨率(模拟输出)$\leqslant 10$ 位。

b. 工程单位。

对全部模拟量赋予工程单位;对各类受控对象系统及其所属设备(或电气回路)赋予状态标志符。

c. 模拟量报警比较。

可分别设定"警告报警"与"实际报警"限,并和实际检测值比较,超越时发出相应的报警信号;设有防止瞬态过程中某模拟量振荡瞬时值进入或脱离报警状态引起误报的子程序。

②命令优先级。

每个来自中央站、同层 DDC、远方站等操作终端的命令以及来自程序的命令均赋予一个后效的优先级,以防止多个命令对一点同时访问所引起的"竞争",规则如下:

a. 操作员手动优先级高于自动。

b. 事件启动的状态诱发程序高于时间诱发程序命令。

c. 报警状态诱发程序命令高于其他事件启动诱发程序命令。

● 命令执行延时。为防止负荷同时激励,命令延时时间 0～30 s 可调。

● 执行信息反馈。可将各种命令是否已执行信息反馈到中央站,存储并在 CRT 上显示或打印,显示或打印以逻辑组方式连同其他点一起进行。

● 操作口令保护。控制器通过现场手动操作终端操作时也可设操作口令来保护,只允许授权人可以查看系统数据,共有 4 个操作员级别,每层都有本身的口令保护。

③报警锁定。

a. 时间锁定。可把一个时间锁定周期加于空调机、风机等设备上,使其在启动之后,进入稳定运行状态之前,不执行报警比较程序,以防止无意义的报警。锁定周期以 1 mim 为增量,自 0 min 至 90 min 可调。

b. 硬锁定。可根据情况在设备停止运行或相关点根本不可能引起真正报警时锁定该处的报警信号,由系统操作员(或程序员)现场在线操作实现硬锁定。

④积算软件。

a. 接通/分断时间积算。可根据开关量状态变化进行时间积算(含接通时间积算和分断时间积算),并与设备运行极限时间比较,实现设备管理自动化。

功能:

● 设定设备运行时极限积算值,超过极限值时给出要求维修的打印输出。

● 积算时间以 1 min 的精度计算,应达 1×10^4 h 以上。

b. 起停次数积算。累计间隙运行设备或部件的启停次数,并设定极限值,超出此值时自动发出要求维修的信息,实现设备管理自动化。功能:

● 设定极限值,超出此值自动打印出要求维修信息。

● 可累计开关次数大于 60 万次。

⑤直接数字控制(DDC)软件

每个分站均内设 512 KB(或 1 024 KB)EPROM 驻留存储器,以永久存储过程控制的 DDC 算法和完成顺序控制所需要的控制算法、算术算符、逻辑算符和相关算符。

功能:

● DDC 程序包括对全部输出量所指定的初始值。

● 中央站能完成对全部 DDC 设定点的程序显示和修改。

⑥事件启动的诱发程序。

Excel8000 系列控制器可由以下几种诱发程序:

a. 时间诱发:按指定时间引导"诱发程序"执行。

b. 状态诱发:按指定的"诱发状态"(如报警、开关量状态变化等)引导"诱发程序"执行。

c. 手动诱发:操作员发出手动命令引导"诱发程序"执行。

"诱发程序"功能是按诱发源的引导启动下列事件:

a. 模拟控制点设定为某一恒值,实现恒值控制。

b. 开关控制点切换到某一指定状态(如启动、停止、分断、开启、关闭等),或进行一系列的逻辑程序控制。

主要功能:

a. 诱发程序命令留有后效的有优先级的结构。

b. 相连的命令有防止电流浪涌的时间延迟,其值为 1 ~ 15 s。

c. 能逐个安排时间和状态诱发源进入或退出工作。

d. 能逐个诱发源的"诱发程序",引导启动规定的事件。

e. 能与时间表程序相连接。

⑦DDC 能量管理程序软件。

除以下各分项列出的程序功能外,全部能量功能应用程序还具有:

a. 应用程序及其相关的数据文件存放于金制电容及备用锂电池支持 30 天以上的 RAM 中。

b. 从 EBI 中央站或 DDC 手动操作终端可对此类程序实现:

● 访问;

● 进入/退出工作操作;

● 修改;

● 局部或全部程序启停。

c. EBI 中央站及现场控制器能在线,从中央站或现场控制器的手动操作终端完成对全部 DDC 的上述功能。

⑧时间管理方式。

a. 时间程序。

对需要的被控对象系统编制独立的启/停程序时间表,控制空调机组、通排风机、加热或制冷系统、灯光照明等。时间程序可以在任何时候给任何数据点设定值或状态制定如下时间程序:

● 每日程序;

● 每周程序;

● 年年程序;

● 当天活动;

● 例外日程序;

● 临时时间程序。

功能:每个 DDC 可提供 20 组时间程序,每组可控制多台设备起停,而总起停次数多达254次。

b. 例外日时间程序。提供一组例外日时间程序,用以容纳例假日和法定假日的启/停程序时间表。主要功能:

● 可容纳 16 个以上例外日时间表;

● 程序驻留在 DDC 中,可提前一年编程。

c. 临时时间程序。提供临时时间程序,特殊情况下,可用临时时间程序代替事先已编程排定的启/停时间程序。

主要功能:

● 临时时间程序能适用于所有被指明的一天。

● 能提前安排长达一周的临时程序。

● 执行完毕的临时时间程序将自动删除,系统转入执行正常的时间程序。

d. 自动时制转换

可充分利用日光节能:

- 按预先设定何日、何时系统的实时时钟向前或向后调整一定时间,成为新的时制。
- 时间转换及时间程序调整无需人为干预地自动进行。

(3)节能及能源控制软件

①最佳启动:根据人员使用情况,提前开启 HVAC 设备,在保证人员进入时环境舒适的前提下,提前时间最短为最佳启动时间。

②最佳关机:根据人员使用情况,在人员离开之前的最佳时间关闭空调设备,既使人员离开之前空间维持舒适的水平,又能尽早地关闭设备,减少设备能耗。

③负荷间隙运行:在满足舒适性要求的极限范围内,按实测温度和负荷确定循环周期与分断时间,通过固定周期性或可变周期性间隙运行某些设备来减少设备开启时间,减少能耗。

④分散功率控制:在需要功率峰值到来之前,关闭一些事先选择好的设备,以减少高峰功率负荷。

⑤夜间空气净化程序:采样测定室内、外空气参数,并与设定值进行比较,依据节能效果发出(或不发出)净化执行命令。

⑥循环启停程序:自动按时间循环启停工作泵及备用泵,维护设备。

⑦非占用期程序:在夜间及其他非占用期编制专门的非占用期程序,自动停止一些可以停止运行的设备,以节约能源。

⑧例外日程序:为特殊日期、如假日提供时间例外日程序安排计划,中断标准系统处理,只运行少数必须运行的设备。

⑨临时日编程:如遇特殊情况可编制临时日编程,提前一天编制好下一天的临时日程序,停止运行一些不必要运行的设备,或运行一些必须运行的设备。临时日程序优先于其他时间程序。

实践学习

题目:建筑设备自动化系统功能实训

1)实训目的

①掌握建筑设备自动化系统的识图方法;

②了解建筑设备自动化系统各子系统的监控功能。

2)实训内容与设备

(1)实训内容

①识别各子系统的设备;

②通过操作掌握各子系统的功能。

(2)实训设备

已建智能化工程监控中心。

3)实训步骤

①编写实训计划书;

②准备实训资料和用具;

③熟悉图中建筑设备自动化系统各子系统的选择;

④对建筑设备自动化系统工程各子系统功能进行训练。

4)实训报告

①实训计划书;

②实训的实施过程报告。

5)实训记录与分析

建筑设备自动化系统功能实训表

序　号	子系统名称	主要设备	主要功能

6)实训评分

①熟悉识图方法;

②具有选择设备的能力。

知识小结

本项目主要介绍智能建筑楼宇设备自动化系统中主要监控系统的组成与功能,重点是学习给排水设备监控系统、暖通空调监控系统、建筑供配电监控系统、照明监控系统、给排水设备监控系统、电梯监控系统、安全防范系统及消防系统的组成和功能。学生学习后应了解每一系统的功能,并能进行设备的安装与调试。

思考题

1. 智能建筑设备自动化系统的主要监控内容是什么?

2. 暖通空调设备的主要监控内容是什么?

3. 给水系统是怎么监控的?

4. 排水系统是怎么监控的?

5. 简述低压配电系统的监控内容。

6. 简述电气照明系统的监控内容。

7. 简述电梯监控系统的工作原理。

8. 结合一个工程实例,作出各个楼宇自控子系统DOC的监控一览表。

9. 简述火灾自动报警系统的工作原理。

10. 智能探测器的特点是什么？
11. 模拟量火灾报警控制器的特点是什么？
12. 火灾自动报警系统由哪几部分构成？各部分的作用是什么？
13. 如何创建一个 CARE 工程？
14. EBI 系统集成设计原则是什么？
15. EBI 系统集成设计时设备选型的原则是什么？

项目 4

智能小区系统

任务导入

近年来,智能建筑技术有了新的发展,人们把智能建筑扩展到一个区域的几座智能建筑进行综合管理,再分层次地连接起来进行统一管理,组成智能小区,这已成为建筑行业中继智能建筑之后的又一个热点。居住在小区的居民最关心的就是居住的安全问题。智能小区安全防范系统是以保障居民安全为目的而建立起来的技术防范系统。它采用现代化技术,产生声光报警阻吓罪犯,实录事发现场图像和声音为破案提供凭证,并提供值班人员采取适当的防范措施。

(1)小区安防系统设置原则

以保障安全为目的而建立起来的技术防范系统,称为安全防范系统。它包括以现代物理和电子技术及时发现侵入破坏行为、产生声光报警阻吓罪犯、实录事发现场图像和声音提供破案凭证,以及提醒值班人员采取适当的物理防范措施的各种设备。

智能小区安全防范系统的设置应遵循以下原则:

①应根据智能小区内保护对象的风险等级,确定相应的防护级别,满足小区全面防护和局部纵深防护的设计要求,以达到所要求的安全防范水平。

②应根据智能小区的建设标准、使用功能及安全防范管理的需要,综合运用电子信息技术、计算机网络技术、传感检测技术、安全防范技术等,形成先进、可靠、经济、适用的安全防范技术体系。

③智能小区安全防范系统的系统设计及其各子系统的配置,须遵照国家相关安全防范技术规程及智能化居住小区的规范、标准,并坚持以人为本的原则。系统的集成应以结构化、模块化、规范化的方式来实现,应能适应工程建设发展和技术发展的需要。

(2)小区安防系统构成

智能小区一般通过在小区周界、重点部位与住户室内安装安全防范装置,并由小区物业管理中心统一管理来提高小区的安全防范水平。小区的智能化安全防范系统,主要由家庭防盗报警系统、访客对讲系统、周界防越报警系统、电视监控系统、电子巡更系统、门禁系统等子系统构成。

任务4.1 智能小区的基本概况

4.1.1 智能小区认知

1）智能小区的定义

智能小区（Intelligent Residential District）是城市内在一个相对独立的区域、统一管理、特征相似的住宅楼群构成的住宅小区实施的建筑智能化，称为小区智能化，该小区就称为智能小区。

智能小区是建筑智能化技术与现代居住小区相结合而衍生出来的，是通过利用现代通信网络技术、计算机技术、造化技术、IC 卡技术，通过有效的传输网络，建立一个由住宅小区综合物业管理中心与安防系统、信息服务繁育、物业管理系统以及家居智能化组成的"三位一体"住宅小区服务和管理集成系统，实现小区内各种公共设施的集合化智能管理，为小区提供一个安全、舒适、方便、节能、可持续发展的生活环境。

2）智能小区的组成

住宅小区的智能化系统主要由安全防范系统、物业管理系统和信息网络系统组成。其中，安全防范系统包括周界防范、电视监控、家居报警、出入口控制、电子巡更等子系统；物业管理系统包括停车场管理，远程抄表、公共设备监控、紧急广播与背景音乐及综合物业管理等子系统；信息网络系统是小区实现对外信息交流的关键系统，包括小区网络系统、小区通信系统、小区电视系统等。

3）智能小区的发展趋势

智能小区的发展趋势主要表现在以下几方面：

（1）网络化

随着网络技术和互联网技术的发展，智能小区的网络功能必将得到进一步加强。通过完备的社区局域网络，智能小区可以实现社区机电设备和家庭住宅的自动化、智能化，实现网络数字化远程智能监控。

（2）数字化

智能小区应用现代数字技术以及现代传感技术、通信技术、计算机技术、多媒体技术和网络技术，加快了信息传播的速度，提高了信息采集、传播、处理、显示的性能，增强了安全性和抗干扰的能力。智能小区的数字化建设将为数字城市的建设创造条件，为电子商务、物流等现代化技术的应用打下基础。

（3）集成化

将小区内各子系统进行集成是智能小区发展的必然趋势，也是智能小区的目标。

（4）生态化

在智能建筑中，可以利用环保生态学、生物工程学、生物电子学、仿生学、生物气候学、新材料学等领域的高新技术对垃圾、污水、废气、电磁污染等进行处理，实现节能、节水、资源可持续利用等目标，改善智能小区的生态环境。这样既能满足当代人的需要，也不损害后代人持续发展需求的能力。

4.1.2 智能小区构成及基本功能

根据建设部规定,目前对智能化住宅小区有6项要求,即住宅小区设立计算机自动化管理中心;水、电、气等自动计量、收费;住宅小区封闭,实行安全防范系统自动化监控管理;住宅的火灾、有害气体泄漏实行自动报警;住宅设置楼宇对讲和紧急呼叫系统;对住宅小区关键设备、设施实行集中管理,对其运作状态实施远程监控。智能化住宅小区系统结构图如图4.1所示。

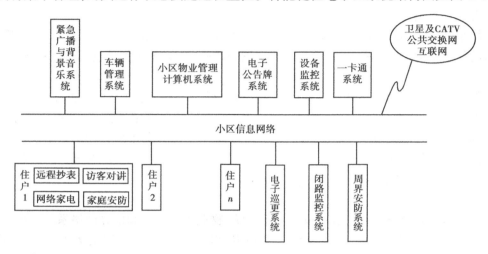

图4.1 智能化住宅小区系统结构图

智能化小区一般包括以下子系统:

①视频监控系统;

②电子巡更系统;

③三表自动抄集系统;

④LED信息发布系统 ;

⑤车辆管理系统 ;

⑥广播/背景音乐系统;

⑦小区边界监控报警系统;

⑧访客对讲系统;

⑨物业管理系统;

⑩电梯系统;

⑪综合布线系统;

⑫给排水系统;

⑬供配电系统;

⑭暖通空调系统。

其中,属于安全防范系统的有以下几个系统:

①视频监控系统;

②电子巡更系统;

③车辆管理系统;

④广播/背景音乐系统;

⑤小区边界监控报警系统

⑥访客对讲系统。

智能小区安全防范系统必备的 3 道防线如图 4.2 所示。这 3 道防线可具体细化成以下 5 道防线:

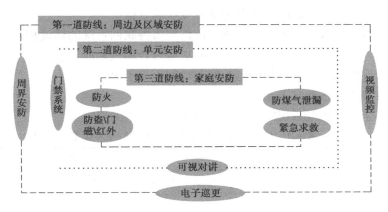

图 4.2　智能小区安全防范系统必备的 3 道防线

第一道防线:红外对射系统。它由周界防越报警系统构成,以防范翻越围墙和周界进入小区的非法侵入者。在封闭的住宅小区四周围墙、栅栏上,设置主动红外入侵探测器,使用红外光束封闭周边的顶端,一旦有人翻墙而入,监控中心的小区电子地图便可迅速显示案发部位,并发出声光报警,提醒值班人员。

第二道防线:视频监控系统。它由小区视频安防监控系统构成,对住宅小区的大门和停车场(库)出入口、电梯轿厢及小区内主要通道上的车辆、人员及重要设施实行 24 h 的监视及录像等监控管理。一旦有案情,可为警方提供有价值的图像证据资料。

第三道防线:电子巡更系统。它由保安电子巡逻系统构成,通过保安人员对小区内可疑人员、事件进行监管,以及夜间电子巡更。合理、科学地设置电子巡更系统的记录装置,可有效保证巡逻人员在规定的时间内到达小区任何位置的报警点。

第四道防线:访客对讲系统。它由联网的楼宇对讲系统构成,可将闲杂人员拒之楼梯外。在小区的出入口、住宅楼梯口、每个楼宇入口铁门处安装访客对讲系统,当访客者来到小区的出入口时,由物业保安人员呼叫被访用户,确认有人在家并由住户确认访客者身份后,访客方能进入小区。进入小区后,访客需在楼梯口按被访者的户室号,通过与主人对讲认可后,主人通过遥控方式开启底层电控防盗门,访客方可进入楼栋。该对讲装置与小区监控中心联网,随时可与其取得联系。

第五道防线:防盗报警系统。它由联网的家庭报警系统构成,当窃贼非法入侵住户家或发生如煤气泄漏、火灾、老人急病等紧急事件时,通过安装在户内的各种自动探测器进行报警,使接警中心很快获得情况,以便迅速派出保安或救护人员赶往住户现场进行处理。控制中心还可与公安"110"报警中心实现联网。

4.1.3　住宅小区安全技术防范系统要求

国家标准 GB 31/294—2010 对住宅小区安全技术防范系统做了细致明确的要求,具体如下。

1）系统技术要求

①安全技术防范系统应与小区的建设综合设计,同步施工,独立验收,同时交付使用。

②安全技术防范系统中使用的设备和产品,应符合国家法律法规、现行强制性标准和安全防范管理的要求,并经安全认证、生产登记批准或检验合格。

③小区安全技术防范系统的设计宜同本市监控报警联网系统的建设相协调、配套,当作为社会监控报警接入资源时,其网络接口、性能要求应符合相关标准要求。

④各系统的设置、运行、故障等信息的保存时间不少于30天。

2）住宅小区安全技术防范系统基本配置

住宅小区安全技术防范系统的基本配置应符合表4.1的规定。

表4.1 住宅小区安全技术防范系统的基本配置

序号	项目	设施	安装区域或覆盖范围	配置要求
1	周界报警系统	入侵探测装置	小区周界(包括围墙、栅栏、与外界相通的河道等)	强制
2			不设门卫岗亭的出入口	强制
3			与住宅相连,且高度在6 m以下(含6 m),用于商铺、会所等功能的建筑物(包括裙房)顶层平台	强制
4			与外界相通,用于商铺、会所等功能的建筑物(包括裙房),与小区相通的窗户	推荐
5		控制、记录、显示装置	监控中心	强制
6	视频安防监控系统	彩色摄像机	小区周界	推荐
7			小区出入口,与外界相通,用于商铺、会所等功能的建筑物(包括裙房)与小区相通的出入口	强制
8			地下停车库出入口(含与小区地面、住宅楼相通的人行出入口)、地下机动车停车库的主要通道	强制
9			地面机动车集中停放区	强制
10			别墅区域机动车主要道路交叉口	
11			小区主要通道	推荐
12			小区商铺、会所与相通的出入口	推荐
13			住宅楼出入口,4户住宅(含4户)以下除外	强制
14			电梯轿厢,两户住宅(含两户)以下或电梯直接进户的除外	强
15			公共租赁房各层楼梯出入口、电梯厅或公共楼道	强制
16		控制、记录、显示装置	监控中心	强制
17			监控中心	强制

续表

序号	项目	设 施		安装区域或覆盖范围	配置要求
18	出入口控制系统	楼宇(可视)对讲系统	管理副机	小区出入口	强制
19			对讲分机	每户住宅	强制
20				多层别墅、复合式住宅的每层楼面	强制
21				监控中心	推荐
22			对讲主机	住宅楼栋出入口	强制
23				地下停车库与住宅楼相通的出入口	推荐
24			管理主机	监控中心	强制
25		识读式门禁控制系统	出入口凭证检验和控制装置	小区出入口	推荐
26				地下停车库与住宅楼相通的出入口	强制
27				住宅楼栋出入口、电梯	推荐
28				监控中心	强制
29			控制、记录、显示装置	监控中心	强制
30	室内报警系统	入侵探测器		装修房的每户住宅(含复合式住宅的每层楼面)	强制
31				毛坯房一、二层住宅,顶层住宅(含复合式住宅每层楼面)	强制
32				别墅住宅每层楼面(含与住宅相通的私家停车库)	强制
33				与住宅相连,且高度在 6 m 以下(含 6 m),用于商铺、会所等功能的建筑物(包括裙房)顶层平台上一、二层住宅	强制
34				水泵房和房屋水箱部位出入口、配电间、电信机房、燃气设备房等	强制
35				小区物业办公场所,小区会所、商铺	推荐
36		紧急报警(求助)装置		住户客厅、卧室及未明确用途的房间	强制
37				卫生间	推荐
38				小区物业办公场所,小区会所、商铺	推荐
39				监控中心	推荐
40		控制、记录、显示装置		安装入侵探测器的住宅	强制
41				多层别墅、复合式住宅的每层楼面	强制
42				小区物业办公场所,小区会所、商铺	推荐
43				监控中心	强制
44	电子巡查系统	电子巡查组		小区周界、住宅楼周围、地下停车库、地面机动车集中停放区、水箱(池)、水泵房、配电间等重要设备机房区域	强制
45		控制、记录、显示装置		监控中心	强制

续表

序号	项目	设　施	安装区域或覆盖范围	配置要求
46	实体防护装置	电控防盗门	住宅楼栋出入口（别墅住宅除外）	强制
47		内置式防护栅栏	商铺、会所（包括裙房）等建筑物作为小区周界的，建筑物与小区相通的一、二层窗户	强制
48			内置式防护栅栏，住宅楼栋内一、二层公共区域与小区相通的窗户	强制
49			与小区相通的监控中心窗户	推荐
50			与小区外界相通的监控中心窗户	强制

表中有"强制"配置要求的，是指新建住宅必须与建筑主体工程一起设计、施工、验收、投入使用，否则将通不过相关部门的验收。

任务4.2　智能小区系统实现

4.2.1　家居防盗报警系统

1）系统组成

防盗报警系统是利用各类功能的探测器对住户房屋的周边、空间、环境及人进行整体防护的系统。家居（又称户内型）安全防范报警系统，在报警控制管理方面与周界安全防范相似。系统主要由前端探测器、信号传输、控制主机（或与小区管理中心主机联网）等组成，如图4.3所示。家居防范系统的前端设备繁多，有门磁、烟感、煤气泄漏、主动式红外和被动式红外探测器等，报警主机还可以与电话网络连接，提供远程报警。常用的传输方式分为有线型、电话型、总线型和无线型。报警控制器常用的有电话联网型、有线型、无线型或有线、无线兼容型等。

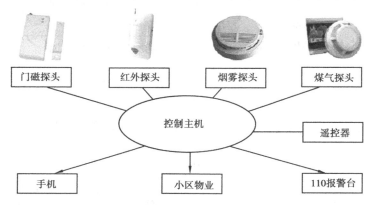

图4.3　家居防盗报警系统组成示意图

2）家居安防系统的分类及功能

家居报警系统根据组合方式大致可分为访客对讲联网型、电话网络传输型、无线传输以及独户（别墅）等类型。具体选用何种类型的报警系统，应从住户的居住条件来确定。

（1）访客对讲联网型家居报警系统

这种组合与访客对讲系统联网，免去了报警单元传输网络的敷设，在新建的小区中得到普遍应用。带防区对讲的联网型系统局部框图如图4.4所示。

图4.4 带防区对讲的联网型系统局部框图

楼宇对讲系统的室内机（视系统而定）一般只带有4个防区。这4个防区前端常用的探测器有气体泄漏探测器、门磁探测器、烟感探测器、紧急按钮和手柄式遥控报警装置。

4防区的探测器与室内主机之间采用有线连接，使用时只要将报警系统设置在布防状态即可。无论盗贼以何种方式入室，或者煤气泄漏、火灾烟雾达到一定浓度，或者住户遇到突发事件，用户都可按动室内机键盘上的紧急按钮（或遥控器、外置紧急按钮），室内机会立即把警讯传到小区物业管理中心，管理中心即可采取应对措施。同时，管理中心还可通过管理主机将报警地点、报警性质等资料进行记录与存储，供日后案情分析用。

访客对讲室内机除对讲功能，还承担家居报警系统的报警控制器的部分功能，可在室内机上进行布防和撤防，以及将报警信息传递给小区管理中心，但不能进行现场报警。

（2）电话网络传输型报警系统

有线电话联网传输型报警系统由前端探测器、报警主机和电话网线等组成，如图4.5所示。

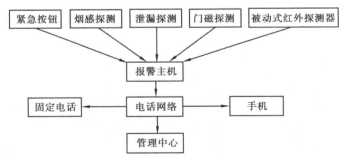

图4.5 电话网络传输型报警系统组成框图

有线电话联网报警系统比较适合分散型报警的要求，只要有市话缆线接入即可，无需重新布线。在未开通固定电话的地方，可选择手机联网报警。它利用报警控制器附加SM模块，由GSM模块建立无线通道，使报警控制器不仅可用来管理各种前端探测器，当遇有报警时，即可把警情发给GSM模块，然后由GSM模块将信息传递给主人的手机。反之，主人也可通过手机经由GSM模块传递布防或撤防。GSM模块在使用时，必须装有SIM卡，相当于一部只由报警控制器操作的手机,手机卡与主人手机之间最好为同一个营运网络。

电话网络传输方式主要用于家居报警,尤其适合别墅群的管理。手机联网适合主人在非固定场所使用,方便主人外出时在 GSM 网能覆盖的地方能第一时间内接到警情报告,赶赴现场。应选择具有优先报警功能的手机,当电话占线时,优先接通报警电话。

图 4.6 所示为宏泰 HT-110B-6 电话联网传输型报警系统。

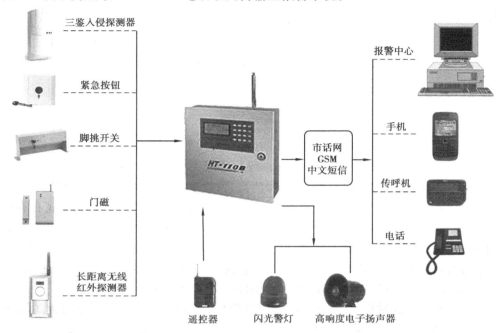

图 4.6 宏泰 HT-110B-6 电话联网传输型报警系统

(3)总线型报警系统

总线型报警系统组成如图 4.7 所示。

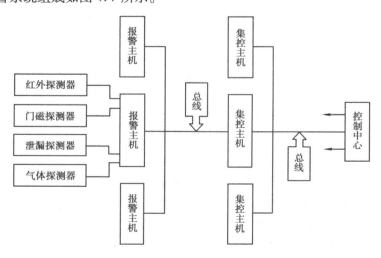

图 4.7 总线型报警系统组成框图

总线型报警系统是通过微处理器利用总线对前端探测器进行控制。由系统可以看出,总线连接在管理中心报警主机与集控主机(又称集控器)之间,是集控主机(又称集控器)与管理中心报警主机的数据通道。所有的集控器都并接在这对连线上,集控器都有一个编码,管理中心主机以此区分各个集控器的地址。总线主机通常有数条的总线以供使用。集控器与前端探测器之间的连线,称为分总线,是家居报警主机与集控器之间传递数据的通道,所有的家居报警主机都并接在这对连线上。由于每个报警主机都有独立的地址码,所以集控主机以此来区分各个家居报警主机的具体地址码。

除家居报警主机在传输方式不同外,总线型报警系统与其他报警系统的常见功能是一样的。

总线型报警系统具有速度快、容量大、成本低的突出优点,由于可以和访客对讲系统统一布线,适合在新建的大中型住宅小区中使用。

(4)家居无线传输型报警系统

这种家居安防系统由无线报警控制器、无线烟感探测器、无线泄漏探测器、被动式红外探测器、无线门磁、无线遥控等组成,也可以根据不同的需要和场合自由组成不同功能的报警系统。无线报警系统的组成如图 4.8 所示。

在进行无线传输型报警系统组合时,前端无线报警探头和报警控制器之间的无线发射与接收的工作频率必须相同,各个无线探头与报警控制器编解码芯片之间的地址码和数据码必须一致,否则无法进行通信,因此前端探测器与终端的配备最好为同一品牌。

无线传输的优点是免敷设线缆,工程施工简单;缺点是易受外界干扰,影响系统的稳定性。

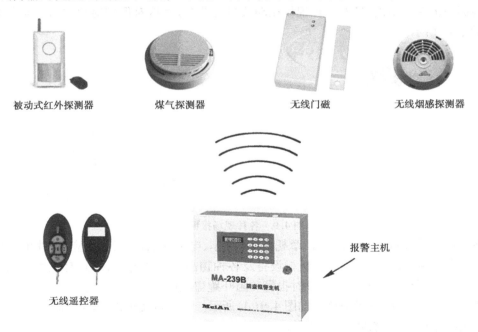

| 被动式红外探测器 | 煤气探测器 | 无线门磁 | 无线烟感探测器 |

无线遥控器　　　　报警主机

图 4.8　无线报警系统

3)家居安防系统设备配备的原则

①对居室的外门和窗户可以安装门磁探测器或主动式红外探测器,也可以选用幕帘式被动外探测器。

②客厅可安装双鉴型探测器,用于夜间防范非法入侵者。

③可将紧急按钮安装在客厅或主卧室便于操作的地方。

④窗户可安装玻璃破碎探测器,以防入侵者破窗而入,但若选用红外探测器,则无需使用玻璃破碎探测器或门磁探测器。

⑤厨房可安装烟雾报警器和气体泄漏报警器,若卫生间使用燃气热水器,则应安装气体泄漏报警器。

⑥可将报警控制器安装在房间隐蔽的地方,以防人为破坏(损坏)。

⑦独户型探测器配置、设备安装、线缆敷设和调试与前面讨论的防范系统基本一样,有所不同的是,使用的探测器比较多。另外,为了避免线缆敷设的难度,部分前端探测器可选用无线传输方式,报警控制主机也必须是有线与无线兼容型。

4)现场报警系统

现场报警不需采用电话联网或无线报警的方式,只要在容易被入侵的地方安装现场报警器,就可以达到防范的目的,适合一些有人值守的场合或家中有人在家的情况下使用。

现场报警器由红外或微波等探测电路及报警电路组成,是一种比较实用的自卫性威慑报警工具。探测器侦测到入侵者之后,现场即会发出高分贝的警笛声,达到惊吓窃贼的目的。图4.9(a)所示为 HT-555 三技术超级卫士现场报警器,它集警笛、警灯为一体,采用微波红外智能三鉴技术。在监控区域安装该机后,一旦有盗贼闯入,它立即发出警笛声并启动警灯,起到威慑警告和吓阻作用。这种现场报警器可以通过无线按钮实现布防和撤防功能,也可以实现电话的联网和远程无线传输。

根据防范对象不同,还有一种现场振动式报警器,可直接对保护对象进行现场保护,如图4.9(b)、(c)所示。

(a)现场报警器　(b)振动式报警器　(c)振动式密码报警器　(d)被动式红外、遥控现场报警器

图4.9　各种现场报警系统

现场振动警报器适用于门、窗、摩托车、自行车、电动车、保险柜、墙壁、文件柜、电动伸缩门、商店、车库卷闸门等大小铁门、机械设备及各种物品的防盗警报,一旦有发生轻微振动、冲击,即可发出高分贝警报声,达到及时报警和阻吓跑盗贼的作用。

被动式红外、遥控现场报警器如图4.9(d)所示。该机可实现以下的功能:

①无线遥控布防、撤防、紧急报警。

②可配接 4 个有线开路触发报警探测器,LED 显示报警防区。

③可配无线紧急按钮,有线紧急开路报警、有线紧急闭路报警。

④可选配无线红外探测器、无线门磁、烟感、煤气泄漏等探测器。

⑤外接大功率报警扬声器。

⑥两种警笛、4 种语音报警选择。

⑦报警音量两挡选择。

⑧报警自动复位。

⑨电源交直流两用,充电池作为备电,并实现自动切换。

现场报警器具有安装方便、使用简单的特点,适用于企事业单位和家庭安全防范和紧急求救。

5)典型应用方案

如图 4.10 所示为一小区的防盗报警系统的计算机管理系统。系统将小区按地理位置分为 8 个片域,每一个片域设置一个区域报警器、相关的探测器、执行器进行现场处理,区域控制器与探测器执行器之间的连接采用总线编码方式,然后通过以太网将信息发送到信息管理中心,由控制中心的计算机进行数据分析与处理。

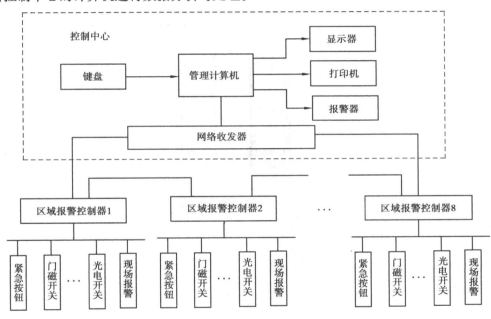

图 4.10　某小区防盗报警系统图

4.2.2　访客对讲门禁系统

访客对讲门禁系统(简称门禁系统)是采用现代电子与信息技术,在出入口对人或物的进、出、放行、拒绝、记录和报警等进行操作的控制系统。访客对讲门禁系统是智能小区中应用最广泛、使用频率最高的系统。

1)门禁管理系统的组成

出入口控制系统也称为门禁系统,它对智能楼宇正常的出入通道进行管理,控制人员出入,控制人员在楼内或相关区域的行动。它的基本功能是事先对出入人员允许的出入时间和出入区域等进行设置,之后根据预先设置的权限对出入门人员进行有效的管理,通过门的开启和关闭保证授权人员的自由出入,限制未授权人员的进入,对暴力强行出门予以报警。同时,对出入门人员的代码和出入时间等信息进行实时登录与存储。

门禁系统主要由门禁识别卡、门禁识别器、门禁控制器、电锁、闭门器、其他设备和门禁软件等组成,如图4.11所示。图4.12是门禁系统组成框图。

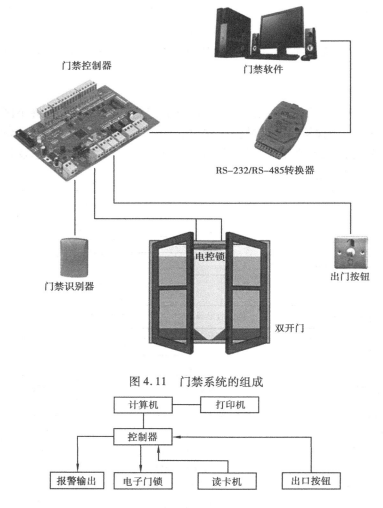

门禁控制器

门禁软件

RS-232/RS-485转换器

电控锁

门禁识别器

出门按钮

双开门

图 4.11　门禁系统的组成

计算机 —— 打印机

控制器

报警输出　电子门锁　读卡机　出口按钮

图 4.12　门禁系统组成框图

2)门禁系统常用设备

(1)门禁识别卡

门禁识别卡(简称门禁卡)是门禁系统开门的"钥匙",在不同的门禁系统中可以是磁卡密码或者是指纹、掌纹、虹膜、视网膜、脸面、声音等各种人体生物特征。门禁识别卡如图4.13所示。

(2)门禁识别器

门禁识别器负责读取门禁卡的数据信息或生物特征信息,并将这些信息输入门禁控制器中。门禁识别器主要有密码识别器、IC/ID卡识别器、指纹识别器删,如图4.14所示。

(3)门禁控制器

门禁控制器是门禁系统的核心部分,相当于计算机的CPU,负责整个系统输入、输出信息的处理储存和控制等。它验证门禁识别器出入信息的正确性,并根据出入法则和管理规则判

图 4.13　门禁识别卡

(a)密码识别器　　　　　　(b)IC/ID卡识别器　　　　　　(c)指纹识别器

图 4.14　门禁识别器

断其有效性,若有效,则对执行部件发出动作信号。单门一体机、联网门禁控制器、虹膜识别门禁控制器、人脸识别门禁控制器分别如图 4.15 所示。

(a)单门一体机　　　　　　　　　　(b)联网门禁控制器

(c)虹膜识别门禁控制器　　　　　　(d)人脸识别门禁控制器图

图 4.15　门禁控制器

（4）电锁

电锁是门禁系统的重要组成部分,通常称为锁控。电锁主要有电控锁、电插锁（又称为电控阳锁）、电控阴锁、磁力锁（又称为电磁锁）。

①电控锁（如图4.16(a)所示）。电控锁常用于向外开启的单向门上,具有手动开锁、室外用钥匙或加装接触性和非接触性感应器开锁等功能,无电时可机械开锁,被广泛地应用于居民楼的对讲开门系统中,属于断电开门、得电关门一类的电控锁。

②电锁口（如图4.16(b)所示）。又称阴极锁、阳极锁,两者必须配套使用。它通常被安装在门侧,与球形锁等机械锁配合使用,适用于办公室普通木门,可与IC卡锁具配套使用。

③电插锁（如图4.16(c)所示）。锁具被固定在门框的上部,配套的锁片被固定在门上,可通电上锁或通电开锁,或自行互换。电动部分是锁舌或者锁销,适用于双向180℃开门的玻璃门或防盗铁门。

④磁力锁（如图4.16(d)所示）。分明装型和暗装型两种,结构上由锁体和吸板两部分组成。磁力锁的锁体通常被安装在门框上,吸板则被安装在门扇与锁体相对应的位置上。当门扇被关上时,利用锁体线圈通电时产生的吸力吸住吸板（门扇）;当断电时,吸力消失,门扇即可打开。

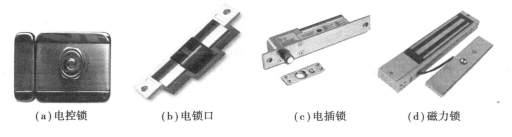

（a）电控锁　　　　（b）电锁口　　　　（c）电插锁　　　　（d）磁力锁

图4.16　电锁种类

（5）闭门器

闭门器是安装在门扇头上一个类似弹簧可以伸缩的机械臂,如图4.17所示。在门开启后通过液压或弹簧压缩后释放,将门自动关闭,类似弹簧门的作用。闭门器可分为弹簧闭门器和液压闭门器两种。

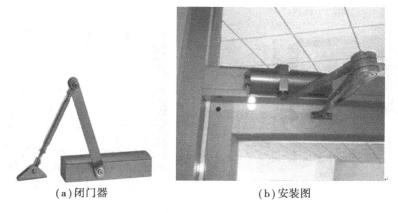

（a）闭门器　　　　　　　　　（b）安装图

图4.17　闭门器及安装图

（6）门禁电源

门禁电源在正常供电情况下由系统供电。当发生停电或人为制造的供电事故时,为保障门禁系统的正常运转,通常还设有备用电源。备用电源一般可维持 48 h 供电,以防不测。

（7）出门按钮

出门按钮设在门禁大门的内侧,住户出门时,只要按下出门按键,门即打开。如设置出门限制,还必须通过刷卡才能开门,这一方式只适用于不希望人员随意出入的场所,这种方式比较适用于办公场所。

（8）门禁软件

门禁软件负责门禁系统的监控、管理、查询等工作,监控人员通过门禁软件可对出入口的状态、门禁控制器的工作状态进行监控管理,并可扩展完成人员巡更、考勤及人员定位等工作任务。

3）门禁系统的分类

（1）按进出识别方式分类

① 密码识别:通过检验输入密码是否正确来识别进出权限。又分为普通型和乱序键盘型两类。

②卡片识别:通过读卡或读卡加密码方式来识别进出权限。按卡片种类又可分为磁卡、射频卡两类。

③生物识别:通过检验人员生物特征等方式来识别进出权限,有指纹型、虹膜型和面部识别型。生物识别安全性极好,无需携带卡片,但成本很高,识别率不高,对环境要求高,对使用者要求高(如指纹不能划伤,眼不能红肿出血,脸部不能有伤或胡子不能太多或太少);使用不方便(如虹膜型和面部识别型,安装高度位置不易确定,因使用者的身高各不相同)。

（2）按设计原理分类

①控制器自带读卡器(识别仪)。这种设计的缺陷是必须将控制器安装在门外,因此部分控制线必然露在门外,内行人无需卡片或密码即可轻松开门。

②控制器与读卡器(识别仪)分体。这类系统控制器被安装在室内,只有读卡器输入线露在室外,由于读卡器传递的是数字信号,若无有效卡片或密码,任何人都无法进门。

③门禁系统按与计算机机通信方式分为:单机控制型、采用总线通信方式和以太网网络型三种。其中,第三类产品的技术含最高,通信方式采用的是网络常用的协议。其优点是:控制器与管理中心是通过局域网传递数据的,管理中心位置可以随时变更,不需重新布线,很容易实现网络控制或异地控制,适用于大系统或安装位置分散的单位使用。这类系统的缺点是系统通信部分的稳定需要依赖局域网的稳定。

图 4.18 所示为 485 总线、TCP/IP 联网型门禁系统示意图。

4）访客对讲系统的组成与工作原理

访客对讲系统是门禁系统的典型应用,是住宅小区安防系统建设的核心部分。通过系统的有效管理,可实现住宅小区人流、物流的三级无缝隙管理。

第一级:小区大门。通常较大的小区都装有入口机(又称为围墙机),来访客人可通过入口主机呼叫住户,在住户允许进入后,保安人员放行。

第二级:单元楼门口。单元楼门口装有门口机(又称为梯口机),用于控制单元楼的人员进入。

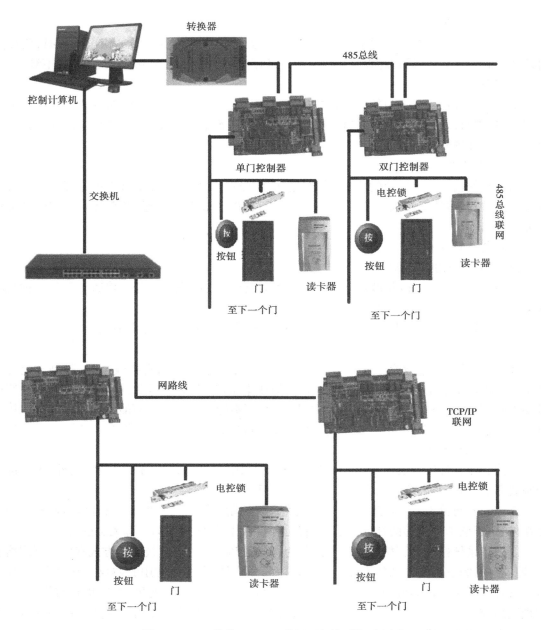

转换器

485总线

控制计算机

交换机

单门控制器

双门控制器

电控锁

485总线联网

按钮

读卡器

门

至下一个门

按钮

门

至下一个门

读卡器

网路线

TCP/IP
联网

电控锁

电控锁

按钮

门

读卡器

按钮

门

读卡器

至下一个门

至下一个门

图 4.18　485 总线、TCP/IP 联网型门禁系统示意图

第三级:住户门口。门前铃安装在住户门前,主要用于拒绝尾随人员,二次确认来访人员。

小区住户可凭感应卡或密码(或钥匙)进入小区大门或住户本单元楼宇大门(单元门)。外来人员只有在正确按下门口被访住户房号键、接通住户室内分机,与主人对话(可视系统还能通过分机屏幕上的视频)确认身份后,方可进入。来访者被确认,户主将按下分机上的门锁控制键,打开梯口电控门锁放行。

访客对讲系统已由单纯的对讲发展到可视对讲,从黑白可视到彩色可视,从功能单一到多功能,从独立型到联网型。目前,可视对讲系统已发展成为住宅小区安防系统不可或缺的组成部分。我国强制规定,新建的小区住宅必须安装楼宇对讲系统。访客对讲系统经历了以下几个阶段:直按式非可视对讲系统、直按式可视对讲系统、编码式非可视对讲系统、独户型可视对讲系统、联网型对讲系统和 TCP/IP 联网访客对讲系统等。

(1)直按式非可视对讲系统

直按式对讲系统适用于零星普通高层、多层楼宇和早期楼盘。其特点是:在梯口机面板上装有很多与住户直接对应的按钮,每个按钮(按键)对应一个住户,按键的号码与住户房号互相响应,操作简单。直按式具有功能单一、容量较小的缺点,只适用于 10 层以下的住宅,无法统一管理,属于非联网型产品。

直按型非可视对讲系统工作流程如图 4.19 所示。工作原理:当无人呼叫时,系统控制器通过电控锁把门关闭,室内分机处于待机状态。来访者在门口机上按下房号键后,相应的室内分机即有振铃,主人摘机、通话、确认身份后,决定是否开门放行。确认放行后,主人按下开锁键,电控锁立即将门打开,客人进入后,闭门器通过其机械臂把门关上,电控锁自动锁门。楼宇的住户进入时必须使用钥匙开门,出门应按下开门按钮,电控锁才把门打开。

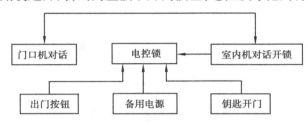

图 4.19 直按型非可视对讲系统的工作流程图

(2)编码式非可视对讲系统

编码式(又称为数字式)对讲系统与直按式对讲系统的不同点是,在门口机与室内机的传输通道上加入了分配器(又称为适配器、解码器),使门口机的按键与住户房号不再是一一对应关系,而是将每个用户定义为一个可寻的地址(编码),是标准的数字键盘。在门口机上输入这个可寻的地址后,通过层间分配器对相应的住户进行信息存储、音视频选通(解码),此分配器除能振铃、通话、开锁外,还具有故障隔离、故障指示等功能。由于本身包括故障隔离功能及故障指示功能,所以单一住户分机出现的问题基本不影响解码器的工作。故障隔离功能对于对讲系统的维护、保养十分方便。

编码非可视对讲系统的工作流程如图 4.20 所示。工作原理:编码式门口机面板上设有数字键盘,根据住户房间号码的不同,可以进行不同数字按键组合来呼叫住户。当来访者在门口机上按下住户号码后时,系统将这一信息经分配器核对后,找到对应的住户,振铃、对讲、开锁。住户进门则采用自编密码开锁。编码式门口机一般使用 4 位 LED 数码管来显示房间号码。其缺点是:操作比较繁杂,访客必须知道住户的房间号码,并会在门口机上操作使用,初访者可能不知道如何使用,因此一般数字式主机面板上都有基本的操作指南或语言提示。

(3)直按式可视对讲系统

直按式可视对讲系统与直按式非可视对讲系统基本相似,区别在于它具有图像传输显示功能。因此,门口主机相应设置了摄像头,用于图像的采集,通过视频通道传输送到室内分机的显示屏上。住户分机不仅有传送语音功能,而且带有图像显示装置。摄像头通常设有红外补偿,使住户在夜间照度比较低的情况下仍然可以辨认访客的面孔。如果说依赖声音确认来

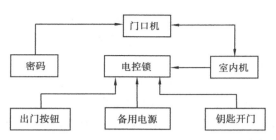

图 4.20　编码非可视对讲系统的工作流程图

访人员的身份难免有误的话,那么图像给出的则是完全真实的信息。直按式可视对讲系统示意图如图 4.21 所示。

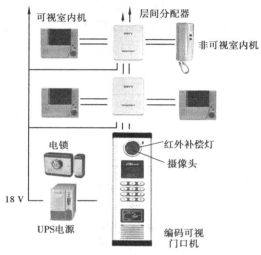

图 4.21　直按式可视对讲系统示意图

　　直按式可视对讲系统主要由层间分配器、梯口主机、室内主机、电控锁、不间断电源信号传输线、电源线和视频线等构成。

　　直按式可视对讲机在无人访问时,门口机显示屏显示工作状态,室内机处于待机状态。当有人访问按下对应房号键时,摄像头即开始采集图像,对应的室内机振铃,显示屏显示来客画面。如是熟人,主人摘机、通话、开门放行;如是不速之客,主人在盘问后,确定是否开锁放行;对不想见的人,可按下免打扰键,门口仍处于呼叫状态,不速之客就会知道这是主人婉约谢客,主人还可呼叫管理中心出面干预。门口机的摄像头还可用于主人对门口场景的监视,只要用户按下室内机监视键(免摘机),门口的场景就清晰显示在室内分机的屏幕上。

　　直按式可视对讲系统和直按式非可视对讲系统都不适用于高层楼宇。

　　(4)独户型可视对讲系统

　　独户型可视对讲系统如图 4.22 所示,与直按式可视对讲系统无多大区别。它的特点是:把门口机进行"缩小",免去众多的数字键,只设置一个按键,内置一个摄像头,通常称为门前铃;室内分机不再是互相独立,而是同时服务于一个门口机,当来访客人按下门前铃的呼叫按键时,室内各分机同时进入工作状态。当其中一台室内机被启用,另外的室内机则停止工作。独户型可视对讲系统一台门口机最多允许带 3 台可视室内机(兼容非可视室内机),支持室内机之间的对讲。

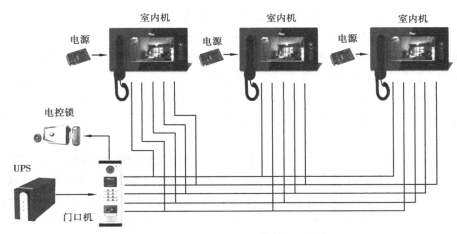

图 4.22　独户型可视对讲系统示意图

门前铃用于可视对讲系统的二次门铃呼叫。住户不想见的人员可能尾随他人进入楼宇内部,如果住户门口安装了门前铃,来人就必须通过门前铃呼叫,这样,就给住户补偿了另一次确认来人的机会。使用二次呼叫,不影响联网可视对讲系统原有的工作状态,故不必更换室内机,可以兼容。

此外,室内机还可用于监视。住户可通过室内机,按下监视键监视门前的情况。独户型可视对讲系统特别适用于别墅住宅。

(5)联网型可视对讲系统

联网型是把原本各自为政、分散的访客对讲系统,通过一定的技术措施,融合在一起,集合更多的功能,以提高防范的安全系数,降低管理成本。根据小区的经济条件及小区的规模,联网对讲系统主要有直按式联网型、隔离保护型、分片切换联网型和分片交换联网型 4 种。下面介绍直按式联网型可视对讲系统。

直按式联网型对讲系统是在原有直按式非联网型对讲系统的基础上增加了管理机和改变了部分的传输结构,如图 4.23 所示。

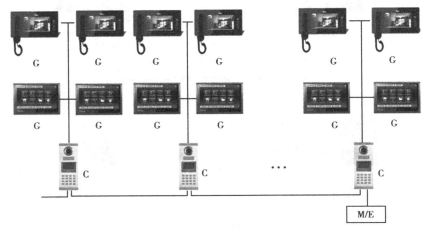

图 4.23　直按式联网型对讲系统结构示意图

由示意图可知:

①单元门口机至各住户室内机 G 经信号线直连通。

②单元门口机的电源由不间断电源 UPS 集中供给。

③联网时单元门口机 C 至下一单元门口机 C 的音频线并接。

④视频信号采用手拉手连接,最后接入中心管理机 M 或小区入口机(又称为围墙机)E。

该结构为联网型可视对讲电控智能系统的基础形式,系统的信号布线像蜘蛛网一样交叉直达各节点,由于信号匹配反射、干扰、串扰等因素,系统易受干扰,信号质量下降,如某节点发生故障时,极易导致整个系统瘫痪。因此,它仅适用于低层建筑且范围较小、户型小于 12 户的住宅区。

此外,联网型访客系统一般由系统管理设备(含控制软件、网络控制器及门禁控制器)和前端(门口机)设备(集成了读卡器、巡更、电控锁及出门按钮等功能)两大部分组成。门口主机自身的功能如通话、遥控开门、刷卡(密码)开门,与前面的非联网型门口主机并无多大的区别,但联网型管理中心的管理主机可以通过访客对讲系统,实现对门口机的控制、现场通话和监视(可视型)等操作。

(6)网络可视对讲系统与数字化家居的结合

网络可视对讲系统是智能化小区安防系统中最重要的安全方案,将其与数字化家居有效结合起来,进行统一规划构建,是智能小区发展的最新方向。在网络可视对讲中,门口机、室内机等对讲设备都采用基于 TCP/IP 的标准网络协议,通过网络交换机可方便地进行互联和互通,将室内机作为数字家庭的中控中心。TCP/IP 网络对讲系统如图 4.24 所示。

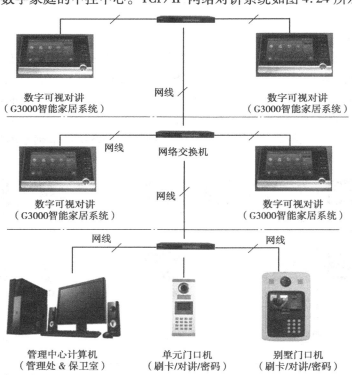

图 4.24　TCP/IP 网络对讲系统示意图

基于数字化家庭的服务器(室内机)构成的数字化家庭网络系统示意图如图 4.25 所示,主要功能有:可视对讲门禁系统、家庭安防系统、智能灯光控制系统、信息家用电器自动控制系统、家居综合布线系统、信息服务系统、远程控制系统(电话、手机、互联网)等。

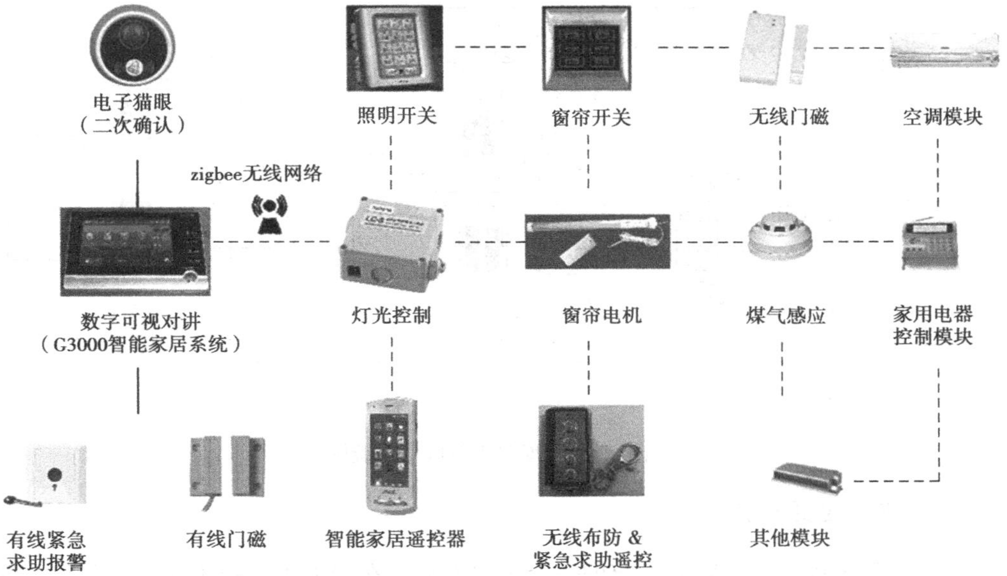

图 4.25　数字化家庭网络系统示意图

4.2.3　停车场管理系统

随着我国国民经济的迅速发展,机动车数量增长很快,合理的停车场设施与管理系统不仅能解决城市的市容、交通及管理收费问题,而且是智能楼宇或智能住宅小区正常运营和加强安全的必要设施。

1)车库管理系统的主要功能

车库管理系统分为入口子系统、车辆停放引导子系统、出口子系统、电视监控子系统和收费管理子系统 5 个部分。一般车库管理系统基本组成包括入口子系统、出口子系统和收费管理系统及辅助系统 3 个部分。停车场的主要功能分为停车与收费(即泊车与管理)两大部分。

(1)泊车

首先利用车辆进出与泊车控制系统,达到安全、迅速停车的目的。车场内有车位引导设施,使入场的车辆能尽快找到合适的停泊车位,保证停车全过程的安全。最后,利用停车场出口控制系统,使被允许驶出的车辆能方便、迅速地驶离。

(2)管理

为实现停车场的科学管理和获得更好的经济利益,车库管理应同时有利于停车者与管理者。因此,必须创造停车出入与交费迅速、简便的管理系统,使停车者使用方便并能使管理者实时了解车库管理系统整体组成部分的运转情况,能随时读取、打印各组成部分数据情况或进行整个停车场的经济分析。

2)车库管理系统的构成

车库管理及收费系统主要由入口控制、出口控制、管理中心与通信管理四大部分组成。由入口控制、出口控制装置的验票机,感应线圈与栅栏机,通道管理的引导系统及管理中心的收费机,中央管理主机与内部电话主机等部分,实现智能楼宇的停车场控制与管理系统。

停车场管理及收费系统如图 4.26 所示。

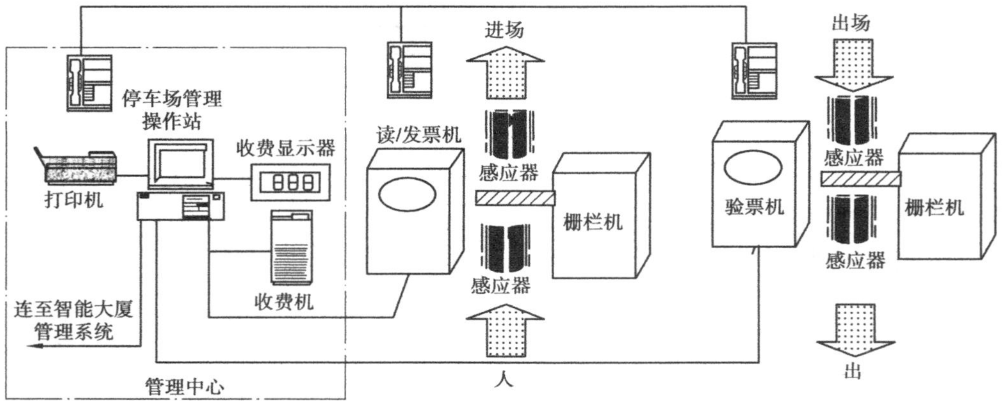

图 4.26　车库管理及收费系统图

4.2.4　电子巡更系统

电子巡更系统也是安全防范系统的一个重要部分。在智能楼宇的主要通道和重要场所设置巡更点,保安人员按规定的巡逻路线在规定时间到达巡更点进行巡查,在规定的巡逻路线、指定的时间和地点向安保控制中心发回信号。正常情况时,应在规定的时间按顺序向安保控制中心发送正常信号。若巡更人员未能在规定的时间与地点启动巡更信号开关时,则认为在相关路段发生了不正常情况或异常突发事件,巡更系统应及时地作出响应,进行报警处理。如产生声光报警动作、自动显示相应区域的布防图、地点等,以便报案值班人员分析现场情况,并立即采取应急防范措施。

计算机对每次巡更过程均进行打印记录存档,遇有不正常情况或异常突发事件发生时,打印机实时打印事件发生的时间、地点及情况记录。巡更的路线和时间均可根据实际需要随时进行重新设置。目前,电子巡更系统的巡更站有多种形式,如带锁钥匙开关、按钮、读卡器、密码键盘,也可以是磁卡、IC 卡等。各种方式都有其不同的特点。

目前,电子巡更系统分为有线通信方式和无线通信方式两种。有线巡更系统由计算机、网络收发器、前端控制器等设备组成,如图 4.27 所示。保安值班人员到达巡更点并触发巡更点开关,巡更点将信号通过前端控制器及网络收发器即刻送到计算机,称为在线式巡更系统。无线巡更系统由计算机、传送单元、手持读取器,编码片等设备组成。编码片安装在巡更点处代替巡更点,值班人员巡更时,手持读取器读取数据。巡更结束后,保安值班人员将手持读取器插入传送单元,使其存储的所有信息输入到计算机,记录多种巡更信息并可打印巡更记录。无线巡更系统不能在巡更时同步显示值班情况,但安装比较方便,推广应用比较快。有线巡更系统需要管线敷设,现场设有硬件以及软件编制,但在值班人员巡更的同时,即可迅速地反映到安保控制中心,同步显示记录巡更的地址和时间,便于及时处理,有利安全。

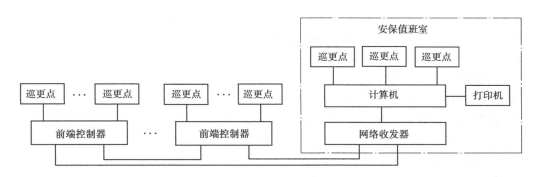

图 4.27   有线巡更系统组成构图

任务 4.3   智能小区设计目标及规范

4.3.1   智能小区设计目标

1)智能小区发展背景

随着信息技术的发展和人们对居住环境要求的提高,20 世纪 80 年代的中后期,国际社会把智能大厦的概念推向了住宅,形成了"智能住宅(SmartHome)"的概念,而我国则结合居民小区发展的实际情况,在 20 世纪 90 年代中期提出了"智能化住宅小区"的新理念。通过对小区建筑群四个基本要素:结构、系统、服务、管理及它们之间内在关联进行综合优化,对居住小区进行智能化的综合统一管理,实现小区安全、舒适、方便、快捷的家居环境。

2)智能小区的概念

1999 年建设部发布的《全国居住小区智能化系统示范工程建设要点与技术导则(试用)》中对住宅小区智能化作了如下描述:"住宅小区智能化是指依靠先进的设备和科学的管理,利用计算机及相关的高新科技,将传统的土木建筑与计算机技术、自动控制技术以及信息技术相结合,将一定地域范围内的居民住宅分别对其使用功能进行智能化,从而达到节约能源,降低人工成本,提高住宅小区的物业管理、安防以及信息服务等方面的自动化程度,为小区住户提供安全、舒适、方便、快捷的家居环境。"

3)智能小区的系统目标

2005 年建设部住宅产业化促进中心颁布的《居住小区智能化系统建设要点与技术导则》明确指出:"居住小区智能化系统总体目标是:通过采用现代信息传输技术、网络和信息集成技术,进行精密设计、优化集成、精心建设,提高住宅高新科技含量和居住环境水平,以满足居民现代居住生活的要求。"

4.3.2   智能小区设计相关规范及要求

1)系统设计规范

①全国住宅小区智能化系统示范工程建设要点与技术导则;

②《城市居民住宅安全防范设施建设管理规定》(建设部公安部 49 号令);

③《安全防范工程技术规范》GB 50348—2004;

④《住宅小区安全防范系统通用技术要求》GB/T 21741—2008;

⑤《安全防范系统验收规则》GA 308—2001。

2)技术设计规范

①《智能建筑设计标准》;

②《公共建筑节能设计标准》;

③《智能建筑弱电工程设计施工图集》;

④《智能建筑工程质量验收规范》;

⑤《建筑智能化系统工程技术标准》;

⑥《建筑电气工程施工质量验收规范》;

⑦《民用闭路监视电视系统工程技术规范》;

⑧《安全防范工程程序与要求》;

⑨《安全防范系统通用图形符号》;

⑩《LED 显示屏通用规范》;

⑪《电子信息系统机房设计规范》;

⑫《电子信息系统机房施工及验收规范》;

⑬《关于显示终端标准》;

⑭《建筑物防雷设计规范》;

⑮《建筑物电子信息系统防雷技术规范》。

3)设计要求

(1)先进性

设计采用科学的、主流的、符合发展方向的技术、设备和理念,系统集成化、模块化程度高,确保今后系统的可持续化发展,必须采用较先进的传输技术、图像压缩技术、存储、控制等技术。

(2)实用性

设计合理,构架简洁,功能完备,切合实际,能有效提高工作效率,提供清晰、简洁、友好的中文操作界面,操控简便、灵活、易学易用,便于管理和维护,能自动纠错和系统恢复。整个系统的操作简单、快捷、环节少,以保证不同文化层次的操作者熟练操作系统。

(3)经济性

采用经济实用的技术和设备,综合考虑系统的建设、升级和维护费用,不盲目投入,避免重复建设。

(4)可靠性

采用成熟、稳定、完善和通用的技术设备,系统具有一致性、升级能力和技术支持,能够保证全天候长期稳定运行,有完备的技术培训和质量保证体系。

(5)安全性

系统、网络、设备、中心机房和前端设备不受病毒感染、黑客攻击,防雷击、过载、断电和人为破坏,具有高度的安全和保密性。硬件设备具有防破坏性的安全性功能,整个系统、网络、设备、中心机房和前端,防雷击、过载、断电和人为破坏,软件不受病毒感染,具有高度的安全性和保密性。

（6）扩展性

系统、设备、接口可扩展、可兼容，系统规模和功能应易于扩充，系统配套软件具有升级能力。系统要是一个相对开放的系统，根据系统中心设备的授权，对其使用、访问、查询等进行授权，结合工程要求以及今后发展的要求，使系统有较大的扩充余地，所有系统设计都预留 30%的扩展功能，方便日后增加新功能使用。

任务4.4　智能小区设计举例

4.4.1　项目概况

无锡万科金域蓝湾共 2 752 户，共 26 个单元。总建筑面积为 535 432.48 m²。住宅总建筑面积为 369 900 m²。

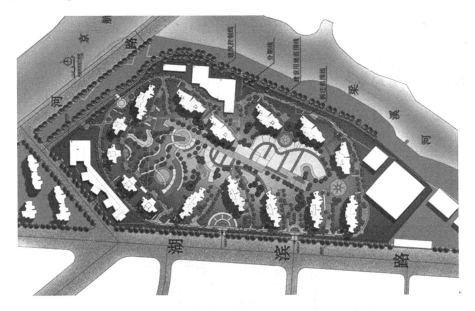

图 4.28　无锡万科金域蓝湾

4.4.2　系统组成

无锡万科金域蓝湾智能化系统如图 4.29 所示。

4.4.3　周界防范

1）出入口规划

根据规划图纸，小区主、次出入口共计 3 个，单元门 26 个。

（1）主、次出入口

①访客管理；

②车辆收费。

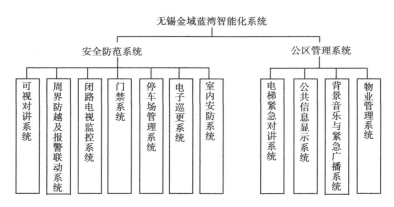

图 4.29　无锡万科金域蓝湾智能化系统

（2）单元门出入口

①业主人行；

②访客管理。

（3）地下车库出入口

车辆管理。

（4）商业停车场管理

考虑独立收费管理。

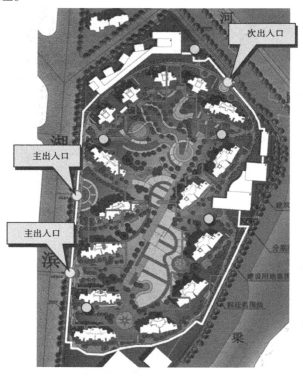

图 4.30　出入口规划

2）周界防越系统

沿组团围墙设置脉冲电子周界，警戒区域的范围原则上按 40 m 左右设置。报警防区与一体化球机预置点位联动结合对周界围墙实行 24 h 实时防范。

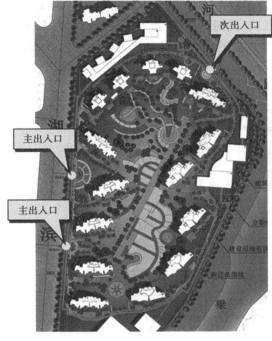

电子围栏

图 4.31　周界防越

4.4.4　出入口管理

1)人行出入口规划

规划思路:小区主、次人行出入口设置管理大堂,设置访客对讲、生物识别及防尾随(建议)等智能化系统设备,对进出人员进行有效管理。

(1)人行出入口大堂

大堂采用访客对讲、生物识别、访客管理、防尾随闸机结合使用的方法。

图 4.32　大堂出入口

　　手指静脉认证技术是利用了每个人手指内部的静脉图案各不相同这一特点,其原理是波长为 700～1 000 nm 的红外光虽然很容易透过多数人体组织,但流经静脉的红血球中的血红蛋白可以充分吸收红外光。把手指放在红外 LED 光源下,从手指下方用摄影元件观察就可以看到静脉的影子——上述系统就是利用了静脉图像的这一特点来识别不同的人,误识率低于指纹认证,且很难伪造。

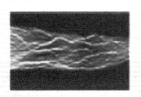

Finger Vein Image

图 4.33　身份识别方法

（2）单元门口

单元门设置对讲、手指静脉出入口系统,对进入住宅单元的人员控制、管理。

图 4.34　单元门禁

（3）消防通道

地下车库设置门禁,以有效控制人员出入。

图 4.35　消防通道

2）车辆出入口规划

小区考虑设有 3 个地面出入口(主出入口),1 个地下车库出入口及 1 个商业地下车库出入口共 8 套停车场管理系统。具体配置如下:出入口采用快速道闸、业主远距离读卡系统(商业管理系统除外);系统数据通过光纤与控制中心进行联网,中心配置"一卡通"数据管理服务器。

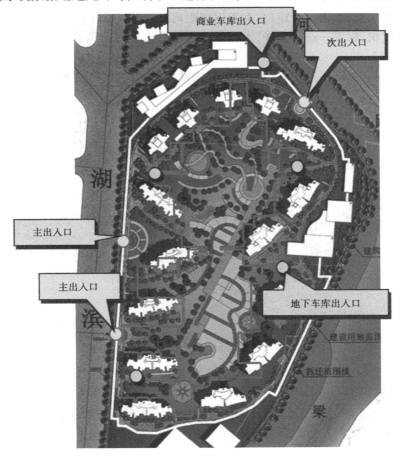

图 4.36　停车场分布

图 4.37　停车场门禁

（1）车辆远距离读卡

①读取方便快捷：无需打开窗门，有效识别距离可达到 30 m 以上（视需求而定）。

②识别速度快：标签一进入磁场，天线解读器就可以即时读取其中的信息，从而解决停车刷卡的麻烦。

③抗干扰性强：由于采用 5.8 GHz 的高频微波技术，且为矩形可调波束。

图 4.38　微波远距离"高速公路粤通卡"

（2）自动车牌识别

自动识别月租车牌号并确认是否自动放行；临停访客车辆自动取卡并自动输入车牌号，节省输入车牌时间，提高出入口车辆通行能力。

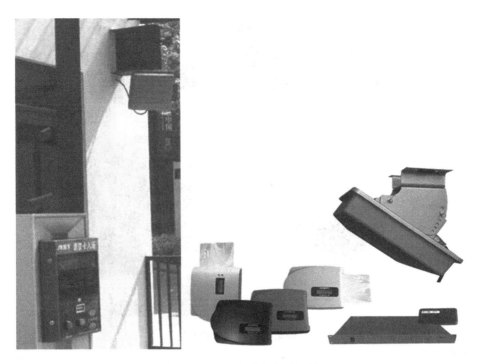

图 4.39　OBU 车载卡电子标签

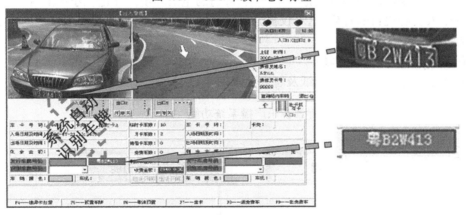

图 4.40　车牌识别

4.4.5　公共区域

1）公共监控

本系统共设置监控点共 176 个。为保证夜间图像效果,地面及出入口摄像机选用日/夜型彩转黑摄像机,全部引入中控室进行统一控制管理。前端摄像部分分为以下几个类型:

①小区人行出入口固定摄像机 6 台(采用日/夜型彩转黑摄像机);

②地下车库固定摄像机 80 台(暂定);

③室外一体化快速球机 12 台(周界、出入口广场及主干路);

④各单元电梯轿箱彩色半球摄像机 78 台(电梯前厅及轿箱)。

图 4.41　视频监控系统

2）背景音乐

背景音乐系统可以为小区营造一个轻松、舒适的生活环境。无论在小区的哪一个角落,都可以听到令人赏心悦目的音乐,这不仅提升了小区的档次和品位,更提高了住户的生活质量。

设置区域:

①住宅区绿化带、休闲广场;

②具体设置根据详细景观图纸及管理要求确定。

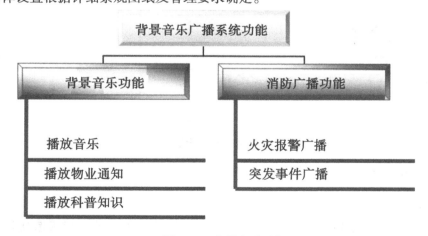

图 4.42　背景音乐系统

3）电子巡更系统

居住小区的安全防范建立在物防、人防和技防的基础上,三者缺一不可。作为人防有效管理系统—电子巡更系统,系统方案力求对住宅、周界和重要部位都能巡检到。巡逻人员按指定路线进行巡检,建立起小区安防的第三道防线。

巡更点

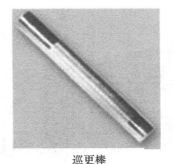
巡更棒

图 4.43　电子巡更系统

4)电梯紧急对讲系统

电梯轿箱设置紧急对讲系统如图 4.44 所示。平常状态下,管理主机可与电梯内对讲。当电梯在维护时,可实现电梯内、机房内与管理主机间多方互相通话,达到物业现代化综合管理要求。

图 4.44　电梯紧急对接系统

5)公共信息显示系统

电子显示屏用以直观地发布小区的重要管理信息,如:停水、停电、物管信息等;也可发布一些温馨提示,如:天气预报、新闻、通知等,有效提升小区的生活档次,如图 4.45 所示。信息发布在中心控制室进行。

4.4.6　室内居家防盗

系统采用加拿大“枫叶”总线报警系统。室内配置:以一、二层为主(幕帘 + 红外封闭);三层以上仅考虑紧急按钮、煤气报警器设备,报警采用对讲接入,如果图 4.46 所示。其功能为:

①非法进入报警,并发送报警信息;

②保存、管理报警信息。

4.4.7　系统防雷

小区地处海边,且规划为别墅、多层项目(建筑密度小,建筑高度低),室外弱电系统设备极易遭受雷击过电压的侵害。

图 4.45　出入口外屏

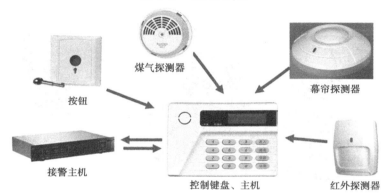

图 4.46　居家防盗

　　针对小区情况,防雷系统选用进口产品(德国"OBO")按电信室外防雷等级要求对所有室外智能化系统进行全方位的防雷、接地保护,将雷害减少到最低限度。

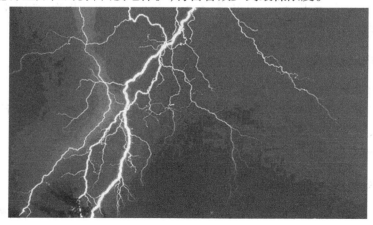

图 4.47　雷电灾害

相关技能

技能1 小区物业管理系统认知

小区物业管理系统是小区管理实现规范化、科学化、程序化的重要系统。小区物业管理信息系统的硬件部分由计算机网络及其他辅助设备组成。软件部分是集成小区居民、物业管理人员、物业服务人员三者之间关系的纽带,对物业管理中的房地产、住户、服务、公共设备设施、工程档案、各项费用及维修信息资料进行数据采集、加工、传递、存储、计算等操作,反映出物业管理的各种运行状态。物业软件应以网络技术为基础,面向用户,实现信息高度共享,方便物业管理公司和住户的信息沟通。

智能建筑物业管理系统(Intelligent Building Management System,IBMS)一般有单机版和网络版,其中网络版分为局域网和广域网版。

1)单机FMS

单机FMS运行于单机环境,只适合于小型楼盘物业的管理。它通过人工输入信息,对数据进行处理、存档,便于信息检索和数据统计。单机系统应具备以下功能:

①房产管理。

②住户信息管理。

③设备管理。

④维修管理。

⑤投诉管理。

⑥保安管理。

⑦收费管理。

⑧物业公司内部管理。

2)局域网FMS

基于局域网的FMS运行于局域网平台,适合于大中型楼盘的物业管理。局域网的FMS系统除了具有单机版的功能外,还通过与智能建筑各智能化子系统的联网使用,具备了实时数据采集的动态监控的功能,如:水电气表的远程自动计量、水暖电设备的自动监控、停车场自动管理、火灾自动报警、安防自动报警、一卡通等基于网络的物业管理功能。

局域网FMS系统提供了建筑智能化各子系统的一个统一管理平台,实现了智能建筑各种物业管理信息的综合,增强了对智能建筑全局事件的反应和处理能力,提高了智能建筑物业管理的效率和质量。

3)广域网FMS

对于大中型的物业管理公司,随着所管理楼盘的增多及地域的分散,会存在信息交流的困难。而采用广域网FMS系统可减少管理成本,提高工作效率。

广域网FMS除了具有局域网FMS功能外,还通过建立智能建筑内部的内联网和使用国际互联网,使得一个大中型物业管理公司可以远程监控、统一管理分布在全国各地乃至世界各地的楼盘物业管理。

技能 2　小区物业管理系统学习

小区物业管理系统各子系统的功能如下：

1）房产及住户管理

房产管理主要涉及房产档案、业主档案、出租管理和产权管理。

（1）房产档案

主要功能是储存、输出所有需要长期管理的小区房屋（出售房屋、租赁房空置房）的各种详细信息。

（2）业主档案

主要功能是储存、输出每套房屋住户的详细信息，进行住户的入住与迁出操作，登记户主的照片；对居民的信息查询应有一定的权限限制，按权限进行查询，分级管理。

2）财务管理子系统

财务管理子系统实现小区财务的电子化，并与指定银行协作，实现小区住户费用直接划转。

3）收费管理子系统（物业管理/租金/服务等收费）

物业管理很大一部分是物业收费。在物业管理计算机化的基础上，应该做到物业收费的规范化。小区统一收费主要包括水、电、煤气三表收费以及房租、停车费、保安、卫生费等（其中三表收费数据自动从下位机采集）。此外还包括日常的各种服务收费，如有线电视、VOD、Internet 网络服务、洗衣、清洁等。

每个计费月，收费管理系统自动将其他各子系统相应的收费信息递交收费信息系统进行统一结算。居民可通过 IC 卡缴费，或自动从小区住户银行户头上自动扣除相应费用，同时向用户发出 E-mail 形式的收费通知。各类收费经计算机汇总，由小区工作人员统一转入小区内外各个收费单位，如用户欠费，则通知工作人员注意，进行人工或自动处理。

收费管理系统提供网上应缴费用的查询，定期催缴，对没有上网能力的住户提供电话查询或者到物业管理中心进行查询，具有收费的登记、转账、统计功能及收费项目、计费方式的变更登记等功能。

4）图形图像管理子系统

图形图像管理子系统主要功能是储存物业小区的建筑规划图、建筑平面图、住户的单元平面图、基础平面图、单元效果图、房间效果图。

5）办公自动化系统

办公自动化系统在小区网络的基础上提供一个开放的平台，实现充分的数据共享、内部通信和无纸办公，主要包括：

（1）文档管理

将物业公司发布的文件分类整理，以电子文档形式保存，以方便公司人员的检索和查询。

（2）收发文管理

管理文件的收发和登记。

（3）各类报表的收集管理

收集整理各类报表提供给公司领导及上级有关部门。

（4）接待管理

对公司的来宾进行登记，记录各类投诉并转给事务部门处理，为管理者提供事务处理全过程监控和事后查询。

6）查询子系统

查询系统采用分级密码查询的方式。不同的密码可以查询的范围不同，查询的输出采用网络、触摸屏等多种形式。通过使用综合查询模块，小区物业管理者可以很方便地对经过分类、综合或汇总的信息进行查询、分析、预测，大幅度减少了操作环节与工作量，为上级管理者了解小区管理状况和决策提供依据。小区住户可以通过私有口令对小区综合服务信息进行查询，如三表（水、电、煤气表）、房租、卫生费、购物等收费情况。

7）Internet 服务子系统

小区可租用专线，自身成为一个信息接入（ISP）服务站。小区对外成为一个 Internet 网站，可发布小区的概况、物业管理公司、小区地形、楼盘情况等相关信息，提供电子信箱服务；实现住户的费用查询、报修、投诉、各种综合服务信息（天气预报、电视节目、新闻、启示、广告）的发布，网上购物等。

8）维修养护管理子系统

维修养护管理子系统包括房屋建筑设备和小区公共设施的维修管理。

维修部门的计算机随时监视住户的应急维修要求。接到用户报修需求后，该模块先判断维修任务类型，从数据库中检索出负责此类维修任务人员的传呼号码，再通过电脑语音卡传呼该人员，向其通知相应住户信息和维修信息，这样便可迅速地对住户的维修要求作出反应。

它还对房产及设备报修、维护管理情况有登记、查询、考核与统计等管理功能，定期产生考核情况明细。报修信息的录入具有多条途径，具有网上报修功能，相应的费用通过收费信息系统进行统一的结算。

9）设备管理系统

设备管理系统对社区内各类设备的基本信息及其运行状况进行登记、维护，对修理、更换情况进行汇总。

10）保安消防管理

保安消防管理完成对保安、消防设备安装情况、使用情况、公共区域监控状况等信息的录入、查询、统计、分析。

11）小区内卫生绿化管理

小区内卫生绿化情况的安排和管理。

12）车辆管理

小区内停车场车位管理和进出车辆的登记及停车收费的管理统计等。

实践学习

题目:常用报警探测器的认知与调试

1)目的

①认识主动式红外与被动式红外/微波双鉴探测器的组成结构。

②熟悉主动式红外与被动式红外/微波双鉴探测器的工作原理。

③掌握主动式红外与被动式红外/微波双鉴探测器的连接方法。

2)原理学习

主动式红外发射机原理如图4.48所示,通常采用互补型自激多谐振荡电路作为调制电源。它可以产生很高占空比的脉冲波形,用大电流窄脉冲信号调制红外发光二极管,发射出脉冲调制的红外光。红外接收机通常采用光敏二极管作为光电传感器,它将接收到的红外光信号转变为电信号,经信号处理电路放大、整形后驱动继电器接点产生报警状态信号。

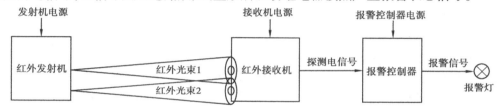

图4.48 主动式红外发射机原理框图

①主动式红外探测器常开接点输出原理如图4.49所示。

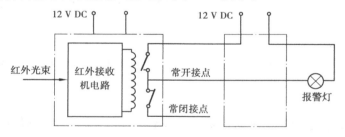

图4.49 主动式红外探测器常开接点输出原理示意图

②主动式红外探测器常闭接点输出原理如图4.50所示。

③主动式红外探测器常闭/防拆接点串联输出原理如图4.51所示。

3)实践活动

①断开实训操作台的电源开关。

②拆开红外接收机外壳,辨认输出状态信号的常开接点端子、常闭接点端子、接收机防拆接点端子、接收机电源端子、光轴测试端子、遮挡时间调节钮、工作指示灯。

③拆开红外发射机外壳,辨认发射机防拆接点端子、发射机电源端子、工作指示灯。

④按图完成实训端子排上侧端子的接线,闭合实训操作台电源开关。

⑤主动式红外探测器的调试:校准发射机与接收机的光轴,分目测校准和电压测量校准。

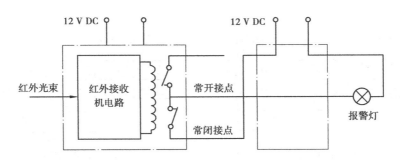

图4.50 主动式红外探测器常闭接点输出原理示意图

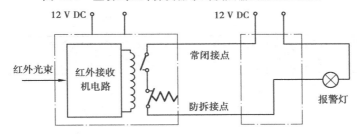

图4.51 主动式红外探测器常闭/防拆接点串联输出原理示意图

首先利用主动式红外探测器内配的瞄准镜,分别从接收和发射机间相互瞄准,使发射机的发射信号能够被接收机接收;然后在接收机使用万用表测量光轴测试端的直流输出电压,当正常工作输出时,电压要大于2.5 V,一般电压越大越好。

主动式红外探测器的基本连接如图4.52所示。

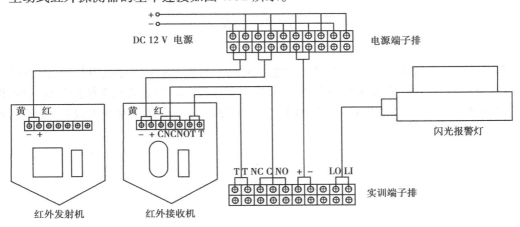

图4.52 主动式红外探测器的基本连接示意图

主动式红外探测器的常用连接方法如图4.53所示。

⑥利用短接线分别按图4.53所示依次完成各项实训内容。每项实训内容的接线和拆线前必须断开电源。

⑦完成接线,检查无误后合闭探测器外壳、闭合电源开关。然后,人为阻断红外线,观察闪光报警灯的变化。在最后一项内容中,改变遮光时间调节钮,观察闪光报警灯的响应速度。

4)学习效果

①写出实训结果、遇到的问题、解决方法以及实训心得体会。

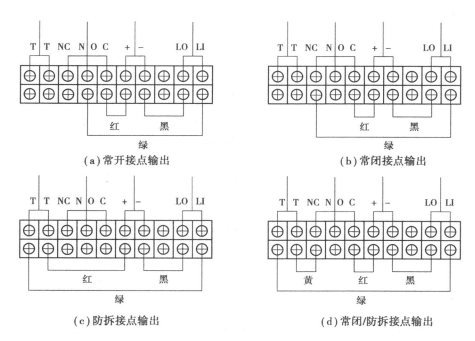

图 4.53　主动式红外探测器的常用连接方法

②根据主动式红外探测器实践学习内容,学生自主设计被动式红外/微波双鉴探测器的实践活动。

知 识 小 结

本项目介绍了智能小区构成及基本功能、小区安全防范系统的分类,对家庭防盗报警系统、访客对讲门禁系统、停车场管理系统、电子巡更系统及小区物业管理系统的组成、常用设备及工作原理进行了详细的说明。学习结束后,应掌握小区安全防范系统的设计、安装与调试知识。

思 考 题

1. 楼宇安全防范系统组成分为哪六个部分?

2. 防盗入侵报警系统的结构是什么?

3. 防盗报警探测器有哪几种类型,其基本工作原理是什么?

4. 闭路电视(模拟式)监控系统的主要内容是什么?

5. 摄像机的主要技术参数是哪些?

6. 如何实现视频信号的传输?

7. 模拟监控系统与数字监控系统的差别如何?

8. 数字监控系统的数字压缩方式有几种?请分别叙述其特点。

9. 简要叙述数字式监控系统硬件的基本功能。

10. 楼宇巡更系统的组成有哪几部分？

11. 简述出入口控制系统的组成形式。

12. 简述可视对讲安全系统的基本工作原理。

项目 **5**
楼宇设备自动化系统工程实施

任务导入

楼宇设备自动化系统(BAS)工程的实施与其他工程一样,开始于用户需求分析,结合现时楼宇自动化技术及产品,经过充分的市场调研,确定工程建设方案,依据方案有步骤、有计划地实施建设活动。

BAS系统工程实施涉及的设备多,包括建筑设备监控、通信、计算机网络、布线、安防监控、防盗、门禁、停车库管理、公共显示、电视、广播音响、多媒体会议、机房工程等,同时也要对这些设备进行分散控制和集中管理。由此可见,BAS系统工程的顺利完成对工程实施人员提出了极高的要求。设计人员要有广泛的知识面,懂技术、熟悉设备产品,懂得设计规程、施工要领及规范,才能较好地完成智能化系统设计,以确保设计图纸及设备材料达到客户的要求。

任务5.1 楼宇设备自动化系统设计

楼宇设备自动化系统设计工作在需求分析和市场调研的基础上,结合BAS技术及产品化程度确定设计方案。BA系统设计首先要了解目标建筑物所处的地理环境、建筑物用途、楼宇自控系统的建设目标定位、建筑设备规模与控制工艺及监控范围等工程情况。

通常,工程招标书是进行楼宇自控系统工程设计的首要依据。此外,系统设计还要参考适应的国家标准和规范,部分国家标准包括:

①《民用建筑电气设计规范》JGJ 16—2008;

②《智能建筑设计标准》GB/T 50314—2006;

③《建筑智能化系统工程设计规范》DGJ 32/D01—2003;

④《综合布线系统工程设计规范》GB 50311—2007;

⑤《综合布线工程验收规范》GB 50312—2007;

⑥《防盗报警控制器通用技术条件》GB 12663—90;

⑦《火灾自动报警系统施工以及验收规范》GB 50166—2007;

⑧《火灾自动报警系统设计规范》GB 50016—98;

⑨《电气装置安装工程电气设备交接实验标准》GB 50150—91；

⑩《电气装置安装施工及验收规范》GBJ 232—90,92；

⑪《工业与民用供电系统设计规范》GBJ 52—83；

⑫《工业与民用电力装置的接地设计规范》GBJ 65—83；

⑬《视频安防监控系统工程设计规范》GB 50395—2007；

⑭《系统接地的型式及安全技术要求》GB 14050—93；

⑮《安全防范工程程序与要求》GA/T 75—94；

⑯《智能建筑施工及验收规范》GB 50—2003。

5.1.1　系统设计阶段及内容

BA 系统设计一般分为方案设计、初步设计和施工图设计三个阶段。

1）方案设计

方案设计文件应满足编制初步设计文件的需要。在方案设计阶段,通常 BAS 设计无须完成图纸,只需完成设计说明书和系统投资估算。

设计说明书中应包括:设计依据、设计范围和内容,系统的规模、控制方式和主要功能。根据 BAS 系统的规模和内容完成系统投资估算。

BAS 方案设计如为方案投标的一部分,应满足招标书的有关要求。

2）初步设计

初步设计文件应满足施工图的设计需要。建筑设备监控系统的初步设计应包含以下内容:

（1）设计说明书部分

①建筑设备监控系统的设计依据,包括所使用的技术标准、业主技术要求文件和各机电专业所提的专业资料;

②设计范围和内容;

③各机电专业的监控内容和要求;

④建筑设备监控系统组成和监控方式、点数;

⑤现场控制器（DDC）的设置原则;

⑥现场仪表设备的选型原则;

⑦导线选择及敷设方式;

⑧智能化系统的集成要求及形式;

⑨中控室与竖井的位置与面积;

⑩建筑设备监控系统有关的值班与管理人员的数量与要求等。

（2）设计图纸部分

图纸目录、主要设备材料表、建筑设备监控系统图、各子系统监控系统原理图、控制室设备平面布置图等。提交主要设备材料表及 BAS 系统概算。

3）施工图设计

施工图设计文件应满足工程项目的施工需要。施工图文件的主要内容为图纸,施工图设计文件应包含以下内容:

（1）图纸目录

这包括图纸名称、图号、图幅等。

（2）施工设计说明

施工设计说明中应包括：工程设计概况（应将审批后的初步设计中相关部分的主要技术指标录入）；筑监控设备系统的监控范围和内容、控制室位置、建筑主要设备测量控制要求、现场控制器设置方式、电源与接地要求、系统施工要求和注意事项；其他要说明的问题。

（3）材料表

应包括：主要线缆、穿管、电缆桥架的型号、规格、数量，现场传感器的导压管、主要阀门的规格数量等。

（4）设备表

按工艺系统的顺序，详细列出建筑监控设备系统中各种设备的名称、规格、数量、测量范围、输入输出信号要求、工作条件、技术要求、型号等。

（5）BAS 系统图

BAS 系统图表示了大楼中 BAS 系统的全部控制设备（从监控主机到 DDC）之间的关系，图中应能表示出建筑物内主机系统、网络设备和 DDC 的编号、数量、位置、网络连线关系等，还应表示出 DDC 所监控对象的主要内容和被监控设备的楼层分布位置及通信线路选择。

系统图表示到 DDC 为止。

（6）电源分配原理图

电源分配原理图是表示 BAS 系统的总体供电系统图，其中应表示：电源来源，配电至 BAS 控制室设备、各 DDC 控制箱及现场设备的方式和设备、管线编号。

（7）各子系统监控系统原理管线图

子系统包括冷冻站系统、热交换系统、空调系统、新风系统、给排水系统、送排风系统、电力系统、照明系统等系统。监控系统原理管线图为表示该子系统的设备和工艺流程，以及 BAS 对其进行监控的原理图，其中应注明子系统的工艺流程、仪表安装处的管道公称直径及参数、监控要求、监控点位置、接入 DDC 的 I/O 信号种类，现场控制器至每台现场仪表的电缆规格、编号等。

（8）BAS 管线敷设平面图

BAS 管线敷设平面图中应示出被控工艺设备、现场仪表、DDC 控制箱、BAS 控制室的位置，以及设备之间电缆"穿管"桥架的走向。

（9）BAS 控制室设备平面布置图

图中应标出控制室安装设备位置的主要尺寸。

（10）监控点表

统计 BAS 监控点表，作为招标用文件。

5.1.2　中央控制室及现场控制器的设置原则

1）中央控制室设置原则

建筑设备监控系统的中控室可单独设置，或与其他弱电系统的控制机房，如消防、保安监控等集中设置。

建筑设备监控系统中控室如单独设置，可设置在建筑物内任何场所，但应远离潮湿、灰尘、震动、电磁干扰等场所,避免与建筑物的变配电室相邻及阳光直射。

建筑设备监控系统中控室如集中设置,必须满足建筑物消防中控室的设计规范要求。

建筑设备监控系统中控室所需面积,除满足日常运行操作需要外,还应考虑系统电源设置、技术资料整理存放及更衣室等面积要求。

建筑设备监控系统中控室内如采用模拟屏,其上安装的仪表和信号灯,可由现场直接获取信号,也可由单独设置的模拟屏控制器上通过数据通信方式获取信号。

建筑设备监控系统中控室应参照计算机机房设计标准进行设计和装修,室内宜安装高度不低于 200 mm 的抗静电活动地板。

建筑设备监控系统中控室应根据工作人员设置电源和信息插座,电源插座设置应考虑检修与安装工作的需要。

建筑设备监控系统中控室内设置建筑设备监控系统的监控主机,如管理需要,建筑物内其他场所也可设置分控室,再设置监控主机用于设备监控管理。

2)现场控制器设置原则

DDC 设置应首先考虑工艺设备监控的合理性,每组工艺设备系统原则上应由同一台 DDC 控制器进行监控,以增加系统可靠性,便于系统调试。

现场控制器的输入输出点应留有适当余量,以备系统调整和今后扩展,一般预留量应大于 10%。

DDC 应布置在被监控对象的附近,以便于节省仪表管线,并有利于系统调试和维修,通常采用挂墙明装方式。安装高度便于操作,内部强弱电应明显分开。控制箱应选择相应合理的防护、结构和规格尺寸。

设备机房上下对齐时,DDC 宜就近垂直组网,通信网络无须绕行竖井。

5.1.3　传感器选型

在 BA 系统中,需要对被控系统和设备、环境等参数进行检测和控制,常用的传感器有温度传感器、湿度传感器、压力传感器以及流量传感器等。

1)温度传感器

温度是表征物体冷热程度的物理量。温度传感器是通过测量物质的某些物理参数的变化来间接地测量温度的。BA 系统中常用的温度传感器有热电偶和热电阻等。

热电偶是将两种材质不同的导体或半导体并在其端点实现物理接触(如焊接),从而构成回路。当回路两端点的温度不同(即存在端点温差)时,回路中就会出现电动势(称为热电动势,其幅度为毫伏级)。该电动势与温度有准确的单值对应关系。

热电阻是以电阻参数反映温度变化的传感形式,主要有导体型(金属或合金)电阻温度传感与半导体型电阻温度传感两种主要传感方式。与热电偶相比,热电阻有许多独特之处。首先,在同一被测温度下,热电阻具有较高的灵敏度。但热电阻所反映的是较大空间的平均温度,而热电偶则测取某具体点的温度,因此各有其适用场合。另外,由于热电阻需要与桥式电路配接,并外加电源,故体积较大。最后,在测温范围上,相同材质的热电阻比热电偶要小,但低温范围要大得多。例如,铂电阻测温上限不超过 650 ℃,但测低温可达 −250 ℃,而祐质热电偶测温可达到 1 300 ℃,但只适用于 0 ℃ 以上的测量。

热电偶和热电阻在 BA 系统中应用时,需要与温度变送器相配接,从而将其输出信号转换成标准化的毫安级电流。温度变送器通常有 0 ~ 10 mA 和 4 ~20 mA 两种标准。

（1）温度测量元件的安装位置选择和插入长度要求

①温度测试取源部件应安装在介质温度变化灵敏和具有代表性的位置，不应装在管道或设备的死角处。因为这些地方介质流动缓慢，热交换作用差，测量元件测量不到真实的温度。插入型和卡接型在套管或管道与传感器之间使用导热塑料，以缩短反应时间。

②为了保证测温精度，在不大于 50 mm 直径管道上安装测温元件时应采用扩大管，即将需要安装测温元件处的工艺管道的管道扩大，满足测温元件对管径大小的需要。管道内径的大小可根据测温元件的种类与型号确定。

③测温元件安装在管道上时，应将测温元件的感温体插入被测介质管道截面的中心，与管道垂直安装时，取源部件轴线应与管道轴线垂直相交；在管道拐角处安装时，宜迎着物流流动方向，取源部件轴线应与工艺管道轴线相重和；与管道呈倾斜角度安装时，宜迎着物流流动方向，取源部件轴线应管道轴线相交。

④当测量风管内气体温度时，感温体插入长度应大于 25 mm；

（2）温度测量元件的选用原则

①仪表精度等级应符合工艺参数的误差要求。

②仪表选型应力求操作方便、运行可靠、经济、合理，并在同一工程中尽量减少仪表的品种和规格。

③仪表的测温范围应大于工艺要求的实际测量范围。一般来说，实际测量范围为仪表测量范围的 90%。

④热电偶是性能优良的测温元件，造价低廉而且易于与计算机等先进设备相配接。所以，热电偶应是测温仪表的首选测温元件。只有在测温上限低于 150 ℃ 时，才选用热电阻元件。另外，还应注意热电偶的补偿导线应与热电偶以及显示仪表的分度号一致。

2）湿度传感器

（1）湿度传感器的测量方法

湿度是表示空气中水蒸气含量的物理量，常用绝对湿度、相对湿度和含湿量三种方法来表示空气湿度。

①绝对湿度：指每立方米空气中所含水汽的克数。通常用水汽压大小来表示，其单位为百帕或毫米。绝对湿度大，空气比较潮湿；绝对湿度小，空气比较干燥。

②相对湿度：指空气中的实际水汽压（即绝对湿度）与当时温度下饱和水汽压的百分比。相对湿度小，说明当时的空气远没有达到饱和状态，空气干燥；相对湿度大，表明接近饱和，空气潮湿。这种表示方法便于对不同温度下的湿度进行比较，是工程上通常使用的表示方法。

③含湿量：湿空气中与 1 kg 干空气同时并存的水蒸气量。

BA 系统空气湿度测量常用相对湿度来表示。常用到的相对湿度检测传感器有干湿球湿度信号发送器、氯化锂电阻式湿度元件及温湿度变送器、电容式湿度传感器、磺酸锂湿敏元件等。

常用空气湿度检测仪表的分类及性能见表 5.1。

（2）传感器的安装位置选择和安装方法

①室内温度湿度传感器安装位置应代表整个受控空间的位置，传感器应易于感知受控空间温度、湿度变化，位置要求清洁、防潮、无冷凝。

②外壳及底座为耐磨防火塑料，底座上有空气循环口槽，防护等级为 IP20。

表5.1　空气湿度传感器性能一览表

分　类	原理结构	特点及应用
干湿球温度计	两只温度计,一只为干球测空气湿度,一只保持湿润测湿球温度(反映与湿球水温相等的饱和空气层的温度),干湿球温差反映相对湿度	用来测量信号远传、自动记录、自动控制
电容式温度计	模板电容器的容量正比于极板间介质的介电常数,空气介质的介电常数与空气的相对湿度成正比	测量范围宽(0～100% RH)、精度高、体积小、线路及重复性好、响应快、寿命长、不怕结露

图5.1中凡打"×"者为错误安装位置。

3)压力传感器

在压力测量中,有绝对压力、表压力、负压力或真空度之分。所谓绝对压力,是指被测介质作用在容器单位面积上的力,测量绝对压力的仪表称为绝对压力表。地面上的空气柱所产生的平均压力称为大气压力。测量大气气压力的仪表叫气压表。绝对压力与大气压力之差称为表压力。当绝对压力值小于大气压力值时,表压力为负值(即负压力)。此负压力值的绝对值称为真空度,测量真空度的仪表称为真空表。既能测量压力值又能测量真空度的仪表叫压力真空表。工程上说的压力表通常是指表压。

压力测量原理可分为液柱式、弹性式、电阻式、电气式等。BAS中使用的压力传感器量程为0～10 MPa范围以内,下面介绍几种常见压力传感器。

(1)应变式压力传感器

应变式压力传感器是把压力的变化转换成电阻值的变化来进行测量的。应变片是由金属导体或半导体制成的电阻体,其阻值随压力所产生的应变而变化。

金属应变片受到拉伸作用时,在长度方向发生伸长变形的同时会在径向发生收缩变形。金属的伸长量与长度之比称应变。利用金属的应变量与其电阻变化量成正比的原理制成的器件为金属应变片。一般金属应变片如图5.2所示,是在用苯酚、环氧树脂等材料绝缘浸泡过的玻璃基板上粘贴直径为0.025 mm左右的金属丝或金属箔制成的。把电阻应变片贴在传感器的弹性元件表面,当弹性元件受到力的作用产生变形时,电阻应变片便会随之产生变形,从而引起其电阻阻值的变化,进一步计算可以得出外部压力的大小。

(2)压阻式压力传感器

当半导体材料在某一方向受到力作用时,其电阻率会发生显著的变化,这种现象被称为半导体压阻效应。压阻式压力传感器是根据半导体材料的压阻效应,在半导体材料的基片上经扩散电阻而制成的器件。

压阻式压力传感器的灵敏度要比金属应变片的灵敏度系数大50～100倍。有时压阻式传感器的输出不需要放大就可以直接用于测量。但是压阻式传感器对温度变化比较敏感,所以其必须要有温度补偿,或在恒温条件下使用。

压阻式压力传感器的工作原理如图5.3所示,在半导体硅片上制造出四个等值电阻,组成电桥电路,在没有压力时,输出为零;当有压力作用时,则有电压输出信号输出,且输出的电压与所受压力成比例,因此根据输出电压的大小就可以得出压力的大小。

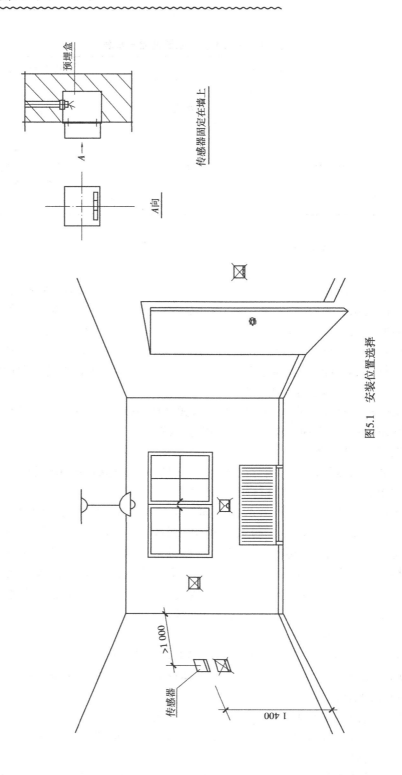

预埋盒

A→

A向

传感器固定在墙上

传感器

>1 000

1 400

图5.1 安装位置选择

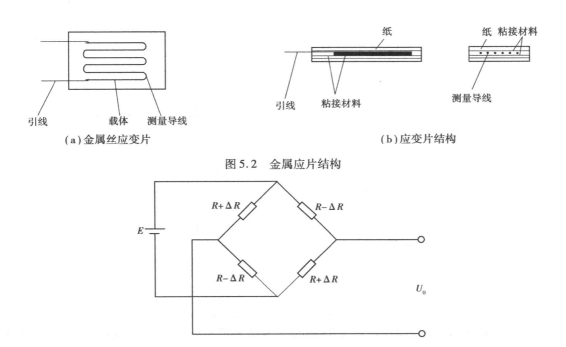

（a）金属丝应变片　　　　　　　　　　　　（b）应变片结构

图5.2　金属应片结构

图5.3　压阻式压力传感器的工作组原理

（3）压电式压力传感器

压电式传感器的原理是基于某些晶体材料的压电效应。目前广泛使用的压电材料有石英和钛酸钡等,当这些晶体受压力作用发生机械变形时,其相对的两个侧面上产生异性电荷,这种现象称为"压电效应"。

（4）压力传感器的安装位置选择和安装方法

压力变送器及传感器的量程选择,应符合以下规定:

①对稳定压力,正常操作压力小于满量程的1/3～2/3;

②对脉动压力,正常操作压力小于满量程的1/3～1/2;

③对高压压力,正常操作压力小于满量程的3/5。

在选择压力仪表测量元件的安装位置时,需注意以下几点:

①压力仪表的安装位置应选择在被测物料流束稳定的地方,并力求避免振动和高温影响,不得安装在管道弯曲、拐角、死角和流束呈旋涡状态处。安装时一般选择在工艺管道直线段上,离阀门和弯头距离不小于2倍工艺管道直径的位置。取压管与管道或设备连接处的内壁应保持平齐,不应有凸出物或毛刺,保证测量的准确性。

②压力取源部件与温度取源部件安装在同一管段上时,应安装在温度取源部件的上游侧。

③当检测带有灰尘、固体颗粒或沉淀物等混浊物料的压力时,在垂直和倾斜的设备和管道上,取源部件应倾斜向上安装,在水平管道上宜顺物料流束方向成锐角。

④当检测温度高于60 ℃的液体、蒸汽或可凝性气体的压力时,压力仪表的取源部件应带有环型或U形冷凝管弯,如图5.4所示。

⑤在水平或倾斜的管道上安装压力取源部件时, 取压点的方位应符合下列规定:

a.测量气体压力时,取压点位于管道的上半部;

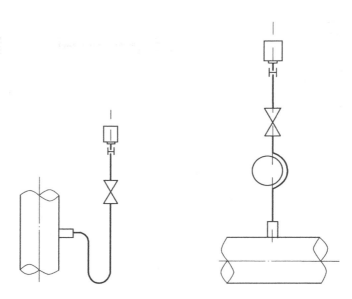

图 5.4　压力表取源部件外形

　　b.测量液体压力时,取压点位于管道的下半部与管道水平中心线成 0～45°夹角的范围内;

　　c.测量蒸汽压力时,取压点位于管道的上半部,以及下半部与管道水平中心线成 0～45°夹角的范围内。

　　⑥除与工艺管道焊接和与传感器螺纹连接外,全部采用卡套连接,连接钢管用 $\phi14 \times 2$ 无缝钢管。

　　⑦连接钢管必须用支架固定,传感器安装在无振动的支架上。

　　BAS 中多为就地安装的压力传感器,如图 5.5 所示。

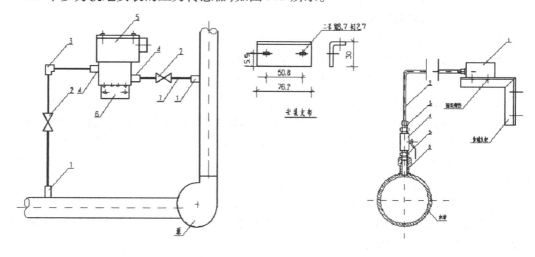

图 5.5　压力传感器安装图

　　4)电磁流量计

　　电磁流量计是利用法拉第电磁感应定律(即导体在磁场中切割磁力线运动时在其两端产生感应电动势)的原理来测量导电液体体程流量的仪表。

电磁流量传感器安装在液体传输工艺管道上,用来将导电液体的流速(流量)线性地变换成感应电动势信号,放大处理后并转换为统一的标准的电信号、电压信号、频率信号以及数字通信信号,供指示仪表、记录仪表、调节仪表和计算机网络实现对流量的远距离指示、记录、控制和调节。

(1)电磁流量计的传感器部分大致分为四个部分

①测量管——传感器内流过被测液体的通道,一般由内衬绝缘衬里材料的非导磁、高电阻率金属管构成;

②工作磁场——由励磁线圈通电产生,励磁系统主要由励磁线圈、磁构成;

③信号检测部分——包括电极、电极引线、电极屏蔽罩和接线端子盒等零部件;

④壳体——起磁路与外界隔离、保护作用。

(2)电磁流量计的适用范围

电磁流量计应用领域广泛。大口径仪表较多应用于给排水工程,中小口径常用于固液双相等难测流体或高要求场所,如测量造纸工业纸浆液和黑液、有色冶金业的矿浆、选煤厂的煤浆、化学工业的强腐蚀液以及钢铁工业高炉风口冷却水控制和监漏,长距离管道煤的水力输送的流量测量和控制。小口径、微小口径常用于医药工业、食品工业、生物工程等有卫生要求的场所。

使用时应注意的事项为:

液体应具有测量所需的电导率,并要求电导率分布大体上均匀。因此流量传感器安装要避开容易产生电导率不均匀场所,例如其上游附近加入药液,加液点最好设于传感器下游。使用时,传感器测量管必须充满液体(非满管型例外),有混合时,其分布应大体均匀。液体应与地同电位,必须接地,如工艺管道用塑料等绝缘材料时,输送液体产生摩擦静电等原因,造成液体与地间有电位差。

(3)电磁流量计的安装位置选择和安装方法

①安装场所。通常电磁流量传感器外壳防护等极为 IP65,对安装场所有以下要求:

a.测量混合相流体时,应选择不会引起相分离的场所;测量双组分液体时,避免装在混合尚未均匀的下游;测量化学反应管道时,要装在反应充分完成段的下游。

b.尽可能避免测量管内变成负压。

c.选择震动小的场所,特别是一体型仪表。

d.避免附近有大电机、大变压器等,以免引起电磁场干扰。

e.易于实现传感器单独接地的场所。

f.尽可能避开周围环境有高浓度腐蚀性气体。

g.环境温度一般应在 $-25 \sim 60$ ℃ 范围内,一体形结构温度还受制于电子元器件,范围要窄些。

h.环境相对湿度在 10% ~90% 范围内。

i.尽可能避免受阳光直照。

j.避免雨水浸淋,不要被水浸没。

②安装位置及流动方向。传感器安装方向水平、垂直或倾斜均可,不受限制。如图 5.6 中所示管系中,c、d 为适宜位置;a、b、e 为不宜位置,b 处液体可能不充满,a、e 处易积聚气体,且e 处传感器后管段短也有可能不充满,排放口最好如 f 形状所示。

5.1.4 执行器选型

执行器在 BA 系统中的作用是执行控制器(如 DDC)的命令,直接控制能量或物料等被测介质的输送量,是自动控制的终端主控元件。执行器直接安装在现场,直接与介质接触。楼宇自控中常见的执行器为风阀执行器和水(蒸气)阀执行器。

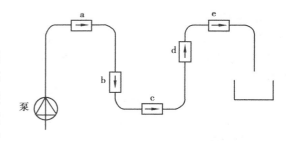

图 5.6 传感器安装位置

执行器可分为电动执行器和气动执行器两大类。

执行器由执行机构和调节机构组成,接受来自调节器的调节信号,由执行机构转换成角位移或线位移输出,或者利用电磁铁的吸合和释放来再驱动调节机构,改变被调介质的物质量(或能量),以达到要求的状态,从而实现对楼宇设备的自动控制。

1)电动执行器

(1)电磁阀

电磁阀是用电磁铁推动阀门的开启与关闭动作的电动执行器,主要优点是体积小,动作可靠,维修方便,价格便宜,通常用于口径在 100 mm 以下的两位式控制中,尤其多用于接通、切断或转换气路、液路等。电磁阀的型号可根据工艺要求选择,其通径可与工艺管路直径相同。

(2)电动调节阀

电动调节阀在 BA 系统控制中使用比较普通,其基本结构由电动执行机构和调节阀两大部分组成。

电动执行机构一般包括放大器、可逆电动机、减速装置、推力机构、机械限位组件、弹性联轴器、位置反馈等部件。

调节阀因结构、安装方式及阀芯形式不同可分为多种类型。以阀芯形式分类,有平板形、柱塞形、窗口形和套筒形等。不同的阀芯结构,其调节流量特性也不一样。

在空气调节系统中,调节介质为水和蒸汽,压力较低,使用情况单一,故可采用一般形式的两通阀和三通阀,结构形式如图 5.7 和图 5.8 所示。

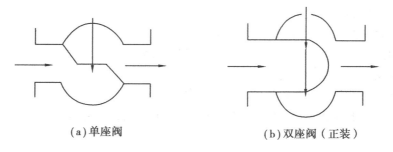

(a)单座阀   (b)双座阀(正装)

图 5.7 两通阀结构示意图

2)气动执行器

在 BA 系统中,气动调节阀由于受气源的限制,不如电动调节阀应用普遍。气动调节阀具有结构简单、动作可靠、性能稳定、安全价廉以及维修方便等特点。它可以经电/气转换器或电/气转换阀门定位器与电动调节器配套使用。

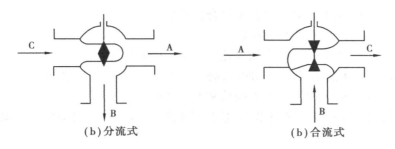

（b）分流式　　　　　　　　（b）合流式

图5.8　三通阀结构示意图

气动执行器也是由执行机构和调节阀两部分组成。气动执行机构有活塞式和气动薄膜式两种。活塞式输出力大,适用于高静压、高压差、大口径等场合;而薄膜式则主要用作一般的调节阀(包括蝶阀)。

3)电动执行机构的选择

建筑楼宇自控系统中一般采用电动式执行机构,在需要对被控制对象进行通、断两种状态的控制时,应采用电动开关阀;在需要对被控制对象进行流量的连续调节时,应采用电动调节阀,两种阀不可以替代。

(1)电动调节阀

①建筑设备监控系统中常用的调节阀有:两通阀、三通阀、单座柱塞阀、双座柱塞阀、套筒阀、蝶阀等。

②应根据现场被监控设备的技术性能进行选择,其控制信号应与现场控制器的输出信号相匹配。

③重要场所的阀门应有位置信号反馈送至现场控制器,阀门技术规格应满足安装场所的工作压力、温度和最大允许压差值要求。

(2)电动开关阀

①建筑设备监控系统中常用的电动开关阀有:电动蝶阀、电磁阀等。

②电动蝶阀多用于大口径水管中的流量控制,电磁阀一般用于小口径且正常工作时线圈不带电的场合。

③重要场所或安装位置就地操作的大口径电动开关阀,应就地或在便于操作的地点设置阀门的电控箱,便于紧急情况或调试阶段的手动控制。

对于跟执行机构配套使用的调节阀或开关阀,在选择时应注意以下事项:

①必须注意到阀门的工作压力和阀门的最大允许关压差(即保证阀正常开启和关闭时所允许的阀两端最大压降)。通常,最大允许关阀压差会随着选配不同的执行器而有所不同,也和阀本身的结构有关。

②根据阀门对介质种类的要求,选择不同的阀门部件材料。同时,阀门的工作介质温度范围应符合要求。对于蒸汽阀,应在温度与压力的适用范围中取较小者作为应用的限制条件。

电动风门执行机构在建筑设备监控系统中用于风门的控制,应使输出连接方式和转矩与风门的机械结构相匹配,并使输出力矩可满足风门的动作要求。

电动执行机构的信号:接收4～20 mA或0～10 V信号用于调节阀,开关信号用于开关阀。

(3)电动调节阀的安装方法

不同的调节阀,其阀体结构特点均不同,对安装的方法都有不同的要求以及不同的安装方

法。对于加装执行机构的电动调节阀,需符合以下规定:

①安装位置应便于观察、操作和维护。

②执行机构应固定牢固,操作手轮应处于便于操作的位置。

③安装用螺纹连接的小口径控制阀时,必须装有可拆卸的活动连接件。

④执行机构的机械传动应灵活,无松动和卡涩现象。

⑤执行机构的连杆长度应能调节,并应保证调节机构在全开到全关的范围内动作灵活、平稳。

⑥当调节机构能随同工艺管道产生热位移时,执行机构的安装方式应能保证其和调节机构的相对位置保持不变。

⑦对于在水系统中安装的电动调节阀,执行机构应高于阀体以防止水进入执行器。

任务 5.2 楼宇设备自动化系统施工

5.2.1 楼宇设备自动化系统建设实施模式

BA 系统工程是一项大规模、复杂、技术先进、设计领域广的建设工程项目,下面介绍几种主要的工程实施模式。

1)工程总承包模式

工程总承包模式是指 BA 建设工程任务的总承包,即发包人将 BA 系统工程的深化设计、设备采购、管线和设备安装、系统集成和工程管理、系统验收等工作全部交由总承包商完成。

工程总承包模式有利于充分发挥在工程建设方面具有较强的技术力量、丰富的经验和组织管理能力的大承包商的优势,综合协调工程建设中的各种关系,强化对工程建设的统一指挥和组织管理,保证工程质量和进度,提高投资效益。

2)系统总承包、安装分包模式

这种模式是建设方将 BA 系统实施项目发包给符合资质的施工单位总承包,其项目的主要部分,即系统的深化设计、设备采购、系统调试、系统集成和工程管理工作以及系统移交和验收由总承包商负责,而管线和设备安装则由业主认可的专业安装公司承担。

这种模式的优点是有利于整个建筑工程的管道、线缆走向的布局更趋于合理,便于施工阶段的工程管理和各工种间的协调,缺点是增加了管线、设备安装与系统调试之间的界面,在工程移交的过程中需要业主和监理单位按照合同规定和相应规范进行监管和协调。

3)总包管理分包实施模式

这种模式下,业主将系统深化设计和项目管理交由工程总承包商负责,总承包商负责最终完成系统集成,而各子系统设备供应、施工调试由业主直接与分包商签订合同,工程实施由分包商承担。

这种实施模式的优点是可有效节省项目成本。缺点是由于关系复杂,工作界面划分、工程交接对业主和监理的工程管理能力提出了更高要求。

4)全分包实施模式

这种模式下,业主在得到设计院或系统集成公司的系统设计后,将 BA 系统按子系统划分,并直接与各分包商签定工程承包合同,整个系统工程实施的协调和管理工作由业主和监理负责。

这种工程承包模式的优点是可以降低系统造价,但对业主和监理的技术能力和工程管理经验提出更高要求,适用于系统规模相对较小的项目。

5.2.2 楼宇设备自动化系统工程施工的准备

1)系统的设计交底

BA 系统的施工必须按已批准的设计文件进行,当需要修改设计时,应经原设计单位同意,设计人员书面签字后方可进行。

如发现施工的条件与设计图纸条件不符或者有错误,可以向设计单位提出合理化的改进意见,并遵循技术核定和设计变更签证制度,进行图纸的施工现场变更签证。设计交底是设计工作向安装工作过渡的第一步,要求设计人员、工程实施人员、项目总工及项目经理必须参与,采用会议形式完成并留下交底记录。

2)施工环境准备

土建施工情况:地面、墙面、门、电源插座及接地装置;

土建工艺:机房面积、预留孔洞;

施工电源:地板铺设、施工前检查;

空调与通风设备、给排水设备、动力设备、照明控制箱、电梯等设备基本安装就位。

3)设备材料准备

施工用到设备、构配件、材料以及机具是保证施工顺利进行的物质基础,在工程施工中必须认真准备,具体包括:

①外观检查合格,即包装完好、外形、规格对应、数量正确。

②电缆电气性能测试合格,没有潜在不合格项。

③设备性能、指标满足安装状态。

④最后根据各种物资的需要量计划,分别落实资源,安排运输及仓储,使其满足连续施工要求。

5.2.3 相关施工技术与措施

1)设备与管线安装要点

建筑设备监控工程的线路和管道是连接各传感器、变送器和现场状态量至 DDC、网络分站或中央站的路径,确保其连接正确、传递畅通、接续可靠是整个工程质量的关键。成排成束的线缆大多沿吊顶敷设在桥架内或沿支架明敷在沿墙桥架内,具体的某一支线大多采用线管从桥架引至信息点位,作为建筑设备监控工程的管线施工工程,建议由土建总包单位或劳务分包单位在建筑设备监控工程承包商的督导下完成。

(1)总体原则

①检查土建工程是否具备线路、管路敷设条件,确认相关土建工程正常的后续施工不会损坏已敷设好的管线。

②建筑设备监控工程使用的线缆、管材应作敷设前检查,除外观无缺陷外,要检查绝缘及导通情况。管材要除锈、脱脂或吹扫内壁,检查管道内通畅情况和密闭性能。

③坚持在各种安装位置桥架先就位,管路后敷设原则。

④敷设完成需要检查确认并做好标志。

（2）桥架施工原则

①电缆桥架水平安装时的距地高度一般不宜低于2.50 m,垂直安装时距地1.8 m以下部分应加金属盖板保护,但敷设在电气专用房间(如配电室,电气竖井、技术层等)内时除外。

②电缆桥架水平安装时,宜按荷载曲线选取最佳跨距进行支撑,跨距一般为1.5~3 m。

③垂直敷设时,其固定点间距不宜大于2 m。

不宜敷设在同一层桥架上的几种情况:

①1 kV以上和1 kV以下的电缆。

②同一路径向一级负荷供电的双路电源电缆。

③应急照明和其他照明的电缆。

④强电和弱电电缆。

如受条件限制需安装在同一层桥架上时,应用隔板隔开。

2）管路施工原则

①成排安装的管道要排列整齐、间距均匀。

②有坡度安装的管道要坡向正确,坡度值要符合规定。

③管路安装需要弯制时,除弯曲半径需要符合规范外,应在弯制完成及时检查弯曲处缺陷是否超标。

④管道引入就地柜、箱处,如有密封要求的,要保障密封措施得当。

⑤埋地敷射的管道必须焊接,且经施压和防腐处理才能埋设,出土处或穿越道路时要有护口保护。

⑥仪表管道附设完成要作压力试验,合格后方可调试。

⑦配管完成后,需要核对配管位置、型号是否准确,并做好标志。

3）线路安装原则

①线路沿途无强电、磁场干扰,无法避免时要作屏蔽保护措施;沿途遇超过65 ℃以上场合需要作隔热处理。

②桥架内放线时,线缆应排列整齐、桥架标高、纵横定位准确。

③交流与直流、强电与弱电严禁同管穿线,槽内或管内严禁接头。

④线路进入就地柜、箱或从地沟内引入控制室处,应做防水密封处理。

⑤线路附设完成后,断开所有连接部件,保留线路本体,进行绝缘检查,检查合格方可进行调试。

⑥线路经过变形缝或其他需要柔性连接部位,应当留有余量。室外的护管必须防水,如需金属软管保护,在与设备连接时两端需要接头并做跨接。

任务 5.3　楼宇设备自动化系统调试与验收

5.3.1　楼宇设备自动化系统调试

建筑设备监控系统的检测以系统功能检测为主,同时进行现场安装质量检查、设备性能检测及工程实施过程中相关技术文件资料的完整性和规范性检查,检测前应编制系统检测大纲,大纲应得到业主及监理的认可。

建筑设备监控系统检测的大纲应依据下列文件编制:

①工程合同技术文件;

②工程设计文件;

③工程变更说明文件;

④设备及产品的技术标准。

1)变配电系统调试与检测

由于该专业属于危险性比较大的行业,需要作业人员持有上岗证书,接受过专业人员的基本岗前培训,同时要注意专业所使用的仪器仪表应该符合国家有关标准,必须在强电专业人员参与或协助情况下作业。

(1)变配电系统调试内容主要包括:

①检查各变送器输入端与强电柜 PT、CT 端接是否正确,是否有短路和开路的隐患,量程是否匹配(包括阻抗、电压、电流)。

②检查各变送器输出端与 DDC 接线是否正确,量程是否匹配。

③检测变送器输出端数值、电量计费值并与 CRT 表观数值比较,是否在误差许可范围内。

④柴油发电机启停动作及运行工况的调试。

⑤对于二次柜的监测,应检查连线是否正确,并核对变送器的量程范围。

⑥对于照明系统,需要对室外照度计的安装位置进行确认,对智能照明管理模块的接线方式按说明书进行。

(2)变配电系统功能检测

建筑设备监控系统对变配电系统进行检测时,应利用工作站数据读取和现场测量的方法对电压、电流、有功功率、功率因数、用电量等各项参数的测量和记录进行准确性和真实性检查,显示电力负荷及上述各参数的动态图形能比较准确地反映参数变化情况,并对报警信号进行验证。

仪表抽检数量应不低于 20%,被检参数合格率在 86% 以上时为检测合格。

对高低压配电柜的工作状态、故障状态,电力变压器的温度,应急发电机组的工作状态、储油罐的液位及蓄电池组工作状态进行检测时,应全部检测,合格率要求达到 100%。

2)空调系统调试与检测

空调系统是建筑设备监控系统的重点,对于它的优化管理、运行节能及运营维护是建筑设备监控系统的主要任务,其调试安装需要在空调专业的配合下完成。

（1）空调系统调试内容

①新风机单体设备调试；

②空气处理机单体设备测试；

③送排风机单体设备的调试；

④空调冷热源设备调试；

⑤末端装置单体调试；

⑥风机盘管单体和联动调试；

⑦空调水二次泵及压差旁通调试。

（2）空调与通风系统功能检测

建筑设备监控系统应对空调系统进行温湿度自动控制、预定时间表自动启停、节能优化控制功能检测，应着重检测其测控点（温度、湿度、压差和压力等）的准确性与被控设备（风机、风阀、水泵、加湿器及电动阀门等）的运行工况，测定控制精度，并检测设备连锁控制的正确性，对试运行中出现故障的系统要重点测试。

检测数量为每类系统不低于20%抽检，系统数量不大于5个时全部检测。被抽检系统全部合格时为检测合格。

检测方法为：在工作站或现场控制器模拟测控点数值或状态改变，或人为改变测控点状态时，记录被控设备动作情况和响应时间；在工作站或现场控制器改变时间设定表，记录被控设备启停情况；在工作站模拟空气环境工况的改变，记录设备运行状态变化，也可根据历史记录和试运行记录对节能优化控制作出判定。

建筑设备监控系统对各类传感器、执行器和控制设备的运行参数、状态、故障的监测、记录与报警进行检测时，应通过工作站数据读取、历史数据读取、现场测量观察和人为设置故障相结合的方法进行，同类设备检测数量应不低于20%抽检，被检设备合格率为100%时为检测合格。

（3）热源和热交换系统功能检测

建筑设备监控系统应对热源和热交换系统进行系统负荷调节、预定时间表自动启停和节能优化控制功能进行检测，通过工作站或现场控制器对热源和热交换系统的设备控制、供水温度、供回水平均温度或供回水恒压差自动控制情况进行测试。

通过工作站对热源和热交换设备运行参数、状态、故障等的监视、记录与报警情况进行检查，并检测设备的运行状态与参数控制情况。

对热源和热交换系统能耗计量与统计进行核实，对节能效果进行确认。

检测方式为抽检，抽检数量应不低于20%，被检参数合格率100%时为检测合格。

3）电梯系统调试与检测

电梯系统属于特种行业，其报装、验收和检测都要接受所属地特种行业监督检查机构的单行管理规定，由专业保障机构和检验部门执行对电梯的日常管理和维护。

（1）电梯系统监控特别需要注意的问题

①首先与电梯厂商协调并提出参数需求，明确本系统对电梯通信接口、数据格式、传输速率的要求。

②电梯井内的布线必须由电梯安装人员完成或协助下完成。

③与电梯的端接必须由电梯厂商技术支持完成，严禁自行连接。

④当需要对电梯进行检测时,只能在 DDC 侧或主机侧对各状态点进行检测,不能在电梯机房侧进行上述操作。

⑤对电梯的监控原则上是只监不控,监测量属于二次量。

(2)电梯系统功能检测

建筑设备监控系统对建筑物内电梯和自动扶梯系统进行检测时,应通过工作站对系统的运行状态与故障进行监视,并与系统实际工作情况进行核实。当与电梯管理系统提供的通信接口进行数据传输时,应对电梯运行方式、运行状态和故障进行检测。

检验方式为抽检,抽检数量应不低于 50% ,被检参数合格率 100% 时为检验合格。

4)给排水系统调试与检测

(1)给排水系统监控特别需要注意的问题

①检查各类水泵电控柜与 DDC 之间接线是否正确。

②检查水位传感器与 DDC 之间连线是否正确。

③确认各类水泵及受控设备在手动状态下是否运行正常。

④试用 DDC 对设备进行启停操作。

(2)给排水系统功能检测

建筑设备监控系统应对给水系统、排水系统和中水系统进行液位、压力等参数检测及水泵运行状态监测、记录、控制和报警检测,应通过工作站参数设置或人为改变现场测控点状态来监视设备的运行状态,包括自动调整水泵转速、投运水泵切换情况及故障状态报警和保护情况是否满足设计要求。

检测方式为抽检,抽检数量应不低于 20% ,被检参数合格率 100% 时为检测合格。

5)中央管理工作站与操作分站调试与检测

网络组件是建筑设备监控系统的核心内容,是整个系统平台实现的关键部位,包括主机、分站、网关及控制器等。

(1)检验和测试需要注意的问题

①设备安装前检查:外形完整、漆层无划伤,外形尺寸、连接端口、制式吻合。

②确保在土建和装修工程完工后进行,避免人为损害。

③测试设备间连接是否紧密、牢固,紧固件应采用原配专用件,应带有防锈层。

④设备底座安装时,每米长度在水平高差应小于 1 mm,总高差应小于 5 mm。

(2)中央管理工作站与操作分站的检测

建筑设备监控系统对中央管理工作站与操作分站进行检测时,主要检测其监控和管理功能,检测时应以中央管理工作站为主,对操作分站主要检测其监控和管理权限以及数据与中央管理工作站的一致性。

检测中央管理工作站记录各种运行状态信息、测量数据信息、故障报警信息的实时性和准确性,对控制设备进行远动控制和管理的功能。中央管理工作站的远动控制功能测试为每类系统被控设备抽检 20% ,测定远动控制的有效性、正确性和响应时间。

检测中央管理工作站数据的存储和统计(包括检测数据、运行数据)、历史数据趋势图显示、报警存储统计(包括各类参数报警、通信报警和设备报警)情况,中央管理工作站存储的历史数据时间应大于 3 个月。

检测中央管理工作站数据报表生成及打印功能,故障报警的打印功能。

209

检测中央管理工作站操作的方便性：人机界面应符合友好、汉化、图形化要求，图形切换流程清楚易懂，便于操作；对报警信息的处理应直观。

对操作权限检测，确认系统操作的安全性。

以上功能全部满足设计要求时为检测合格。

6）建筑设备监控系统集成平台的调试与检测

由于建筑设备监控系统自身就是一个大的集成平台，对于一些系统，如包括安防、消防系统的集成 BMS 往往由 BAS 专业完成，甚至将集成提升到基于全系统的 IBMS 高度，所以在完成本系统的调试安装的同时，需要考虑这些系统集成功能。

BMS 作为集成平台时，要求对其他集成系统的通信协议、数据结构具备同一接口。从硬连接来说，要求能够支持基本的 RJ45、BNC 或 MODEM 连接；对数据库来说，应该尽可能支持 SQL Sever 数据库，支持 ODBC；对于通信协议来说，应该在上层支持 TCP/IP 或 BACnet/IP，在下层支持基本的现场总线。

建筑设备监控系统与带有通信接口的各子系统以数据通信的方式相联时，应在工作站观测子系统的运行参数（含工作状态参数和报警信息），并和实际状态核实，确保准确性和实时性，对可控功能的子系统应检测发命令时的系统响应状态。

数据通信接口要全部检测，检测合格率 100% 时为检测合格。

5.3.2 楼宇设备自动化系统验收

BA 系统工程的验收对于保证工程的质量具有重要的作用，是工程实施中重要的环节。BA 系统工程的验收体现在新建、扩建和改建工程的全过程，就 BA 系统工程而言，又和土建工程密切相关，而又涉及与其他行业间的接口。验收阶段可划分为过程验收、初步验收、竣工验收等几个阶段，每一阶段都有其特定的内容。

1）过程验收

在工程中为随时考核施工单位的施工水平和施工质量，部分的验收工作应该在施工过程中进行（比如 BAS 系统的传感器性能测试工作、隐蔽工程等）。这样可以及早地发现工程质量问题，避免返工造成人力和器材的大量浪费。

过程验收应对工程的隐蔽部分边施工边验收，在竣工验收时，一般不再对隐蔽工程进行复查，由工地代表和质量监督员负责。

2）初步验收

对所有的新建、扩建和改建项目，都应在完成施工后进行初步验收。初步验收的时间应在计划的建设工期内进行，由建设单位组织相关单位（如设计、施工、监理、使用等单位人员）参加。初步验收工作包括检查工程质量，审查竣工资料、对发现的问题提出处理的意见，并组织相关责任单位落实解决。

3）竣工验收

建筑设备监控系统完成单体调试和联动试运转后，半个月内，由建设单位向上级主管部门报送竣工报告（含工程的初步决算及试运行报告），并请示主管部分接到报告后，组织相关部分门按竣工验收办法对工程进行验收。

一般建筑设备监控系统工程完工后，建筑物尚未进入正常使用状态，应先期对建筑设备监控系统进行竣工验收，验收的依据是在初验的基础上，对建筑设备监控系统各项检测指标认真考核审查。如果全部合格,且全部竣工图纸资料等文档齐全,即可对建筑设备监控系统进行竣工验收。

4)工程验收要素

(1)验收的目的

工程验收是全面考核工程的建设工作,检验设计和工程质量。

(2)验收的要求

①建筑设备监控系统工程的验收工作,是对整个工程的全面验证和施工质量评定。因此,必须按照国家规定的工程建设项目竣工验收办法和工作要求实施。

②在建筑设备监控系统工程施工过程中,施工单位必须重视质量,按照《智能建筑工程质量验收规范》(GB 50339—2003)的有关规定,加强自检和过程检查等技术管理措施。建设单位的常驻工地代表或工程监理人员必须按照上述工程质量检查工作,力求消灭一切因施工质量而造成的隐患。所有过程验收和竣工验收的项目内容和检验方法等均应按照《电气装置安装工程施工验收规范》(GBJ/232—90、92)和《自动化仪表工程竣工及验收规范》(GB 50093—2002)的规定办理。

③由施工承包单位负责组织现场检查、资料收集与整理工作。设计单位和其他分包单位都有提供资料和竣工图纸的责任。对于从设计到施工到设备材料采购由一个单位总承包的情况下,则各个部门之间应按上述工作内容分工执行。

④在竣工验收之前,建设单位为了充分做好准备工作,需要有一个自检阶段和初检阶段。

(3)验收的范围

BA系统工程验收的主要内容为:环境检查、管线安装、设备材料质量检验、设备安装检验、控制软件模拟运行、控制执行机构检验、控制功能检验等,验收标准为《智能建筑工程质量验收规范》(GB 50339—2003)

(4)验收的依据

①技术设计方案;

②施工图设计;

③设备技术说明书;

④设计变更单;

⑤现行的技术验收规范。

(5)竣工资料

归档的文件应包括项目的提出、调研、可行性研究、评估、决策、计划、勘测、设计、施工、测试、竣工的工作中形成的文件材料。其中,竣工图技术资料是工程使用单位长期保存的技术档案,因此必须做到准确、完整、真实,必须符合长期保存的归档要求。竣工图必须做到:

①必须与竣工的工程实际情况完全符合。

②必须保证绘制质量,做到规格统一,字迹清晰,符合归档要求。

③必须经过施工单位的主要技术负责人审核、签认。

(6)试运行及竣工验收

建筑设备监控系统在通过工程验收后方可正式交付使用,未经工程竣工验收的建筑设备监控系统不应投入正式运行。当验收不合格时,应由工程承接单位整修返工,直至自检合格后再组织验收。系统验收前必须符合下述条件:

①系统安装调试、试运行后的正常连续投运时间不少于3个月。

②已经进行了系统检测并且检测结论合格,对其中的不合格项已进行了整改,并有整改复验报告。

③文件和记录应完整准确,包括以下内容:

a.工程合同技术文件。

b.竣工图纸。

- 设计说明;
- 系统结构图;
- 各子系统控制原理图;
- 设备布置及管线平面图;
- 控制系统配电箱电气原理图;
- 相关监控设备电气端子接线图;
- 中央控制室设备布置图;
- 设备清单等。

c.系统设备产品说明书。

d.系统技术、操作和维护手册。

e.设备及系统测试记录。

- 设备测试记录;
- 系统功能检查及测试记录;
- 系统联动功能测试记录;
- 系统试运行记录等。

f.其他文件:

- 系统设备出厂测试报告及进场验收记录;
- 系统施工质量检查记录;
- 相关工程质量事故报告表;
- 工程设计变更单。

④各智能化子系统已进行了系统管理人员和操作人员的培训,并有培训记录,系统管理人员和操作人员已可以独立工作。

(7)验收工作整体流程

验收工作整体流程图如图5.9所示。

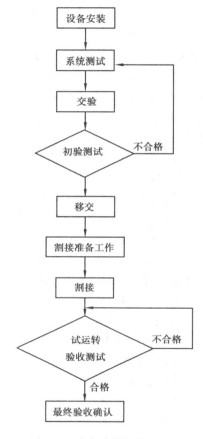

图5.9 验收工作整体流程图

任务5.4 楼宇设备自动化系统设计

5.4.1 设计依据

①招标文件及图纸。

②工程设计图纸。

212

③国家有关规范及行业规定,主要有:

- 《民用建筑电气设计规范》JCJ/T 16—92;
- 《智能建筑设计标准》GB/T 50314—2006;
- 《采暖通风与空气调节设计规范》GBJ 19—87;
- 《建筑给排水设计规范》GBJ 15—88;
- 《供配电系统设计规范》GB 50052—95;
- 《电气装置工程施工及验收规范》GBJ 232—82。

④招标文件中要求的有关设计标准和规范。

⑤业主对系统控制方案的要求。

⑥BA 系统设备的技术资料。

5.4.2　设备数量统计

1)BA 系统监控范围及监控功能

(1)监控范围

建筑设备监控系统对以下设备系统实行运行工况监测并根据设定的参数进行自动控制,以达到管理便捷,节约能源,提高效率的目的:

①风冷热泵系统;

②空调机组设备监控;

③净化空调设备监控;

④新风机组设备监控;

⑤送排风系统设备监控;

⑥给排水设备监控;

⑦电梯系统;

⑧照明系统。

(2)监控功能

建筑设备监控系统采用 DDC 控制器直接采集冷源系统中的冷冻机组以及空调循环水泵的各种参数,完成对冷水机组、冷冻水泵、冷却水泵、冷却塔及相关阀门进行监控:

a. 机组启动后通过彩色动态图形显示各设备运行状态、故障状态、参数值及运行参数越限报警,通过鼠标可任意修改设定值,以达到最佳运行状态。

b. 可以通过系统设置的紧急停机开关量信号,控制整个冷水机组紧急停机。

c. 可以对各设备的运行时间进行累计计算。

d. 中央监控站通过接口可以对冷源系统的各种设备进行监视报警,可以对冷源系统进行各种水温检测、流量检测、冷量与累计冷量检测。

e. 完成冷却水循环泵、冷冻水循环泵、冷水机组的顺序启动,冷水机组、冷冻水循环泵、冷却水循环泵的顺序停机。

f. 测量冷却水供回水温度,以冷却水供水温度来控制机组运行数量。维持冷却水供水温度,使冷冻机能在安全和高效率下运行。

g. 监测冷冻水总供、回水温度。

h. 监测冷水总供回水压力差,调节旁通阀门开度,保证冷水机组在恒水流情况下运行。

i. 监测各水泵、冷水机的运行状态,故障报警,手动/自动状态,并记录运行时间;冷水机通过选择开关可采取就地控制。

j. 监测膨胀水箱、冷却塔水位,维持各自水位正常。

(2)热交换系统

本热交换系统由换热器、循环泵等设备组成。热交换系统的监控内容如下:

①通过安装在换热器一、二次侧的温度传感器测量供、回水温度。

②检测热水循环泵工作状态、故障报警、手动/自动操作状态。

③根据二次回水温度调节一次供水阀的开度使供水温度稳定。

④检测循环泵累计运行时间,自动启动运行时间短的循环泵,关闭累积运行时间长的循环泵,自动进行循环泵运行时间均衡调节。

⑤远程热水循环泵的开关控制。

⑥中央管理站软件功能。

上述工作状态检测、控制、参数调整及流程图形均可显示于中央监控微机的彩色显示屏上,并可经打印机打印出来作记录。

(3)空调机组

空调系统由空调机组、新风机组等设备组成,具体的监控内容如下:

①启停控制:在预定时间程序下控制空调机组的启停,可根据要求临时或者永久设定、改变有关时间表,确定假期和特殊时段。

②温、湿度控制:

a. 通过安装在送回风管上的风管温、湿度传感器测量回风温、湿度。

b. 根据系统的设定参数控制调节阀开度,以达到降温、加热或加湿功能,保证控制区域内温度、湿度的要求,同时节约能源。

③状态监测:

a. 通过风机过载继电器状态监测,产生风机故障报警信号。

b. 通过空调控制柜的一次回路监测风机的运行状态信号。

c. 通过安装压差开关,监测过滤网两侧压差,根据设定值产生阻塞报警信号,提示清洗过滤网,提高过滤效率。压差设定值为 20~300 Pa,可调报警范围。

d. 通过安装防冻报警探测器,保护风机水盘管。

(4)新风机组监控

①启停控制:

预定时间程序下控制新风机组的启停,可根据要求临时或者永久设定、改变有关时间表,确定假期和特殊时段。

②温、湿度控制:

a. 通过安装在送风管上的风管温、湿度传感器测量送风温、湿度。

b. 根据系统的设定参数控制调节阀开度,以达到降温或加热的功能,以保证控制区域内温度的要求,同时节约能源。

c. 控制新风、回风风门的开度。

③状态监测：

a.通过风机过载继电器状态监测,产生风机故障报警信号。

b.通过空调控制柜的二次回路监测风机的运行状态信号。

c.通过安装压差开关监测过滤网两侧压差,根据设定值产生阻塞报警信号,提示清洗过滤网,提高过滤效率。压差设定值为 20～300 Pa,可调报警范围。

（5）送排风系统监控

①送、排风系统监控内容：

a.送风机的运行、故障报警、手自动状态；

b.排风系统的运行、故障报警、手自动状态；

c.送风机的开/关控制；

d.排风机的开/关控制。

②控制功能：

a.根据远程、预定时间开启或关闭送风机或排风机。

b.阀门执行器和风机联锁控制,当空调停机时,电动阀门自动恢复到关闭位置,以节约能源。

c.可显示与储存、打印有关模拟量信号的趋势指列表、动态趋势图。

（6）给、排水系统监控

它采用 DDC 采集给排水系统中的生活水箱、生活水泵、排水泵等的参数。

①设备监控内容：

a.生活水箱的液位检测；

b.集水坑的高液位状态；

c.生活水泵、排水泵的运行状态,手自动、故障状态；开关控制。

②控制功能：

a.监测生活水箱液位,并作高低限报警,当低限报警时,打开水泵直至低限；

b.监测排水坑的高液位报警状况,并生成动态趋势图；

c.累计有关设备运行时间；

d.给水泵每天自动切换运行；

e.按照物业管理部门要求,定时开关其他水泵；

f.当水泵发生故障时,自动切换到备用水泵；

g.监测和记录有关水箱、水池的液位报警情况,并生成动态趋势图。

（7）变配电系统监测

为了医院的运行安全考虑,对变配电系统的有关变配电状况,由中央监控系统实施监视而不作控制,变配电系统的数字检测仪表数据通过网关与楼控系统通信。

（8）电梯监控系统

①监测电梯的运行状态、故障报警和上行/下行状态。

②通过网关与楼控系统通信。

（9）风机盘管联网控制系统

①对公共区域、群房、门诊区域风机盘管实现联网控制。

②风机盘管联网控制系统可采用独立控制系统,采用国际国内知名品牌。

2）监控点设计

（1）监控点属性的划分

监控点的属性包括模拟输入（AI）、模拟输出（AO）、数字输入（DI）和数字输出（DO）。

（2）监控表的设计

监控表的编制要明确标示下列内容：

①所属设备名称及其编号；

②监控点的被监控量；

③监控点所示属类型。

监控点总表的编制见表5.2，DDC配置一览表见表5.3。

表 5.2　监控点总表

项　目	DDC 编号	序号	1	2	3	4	5	6	7	8	9	10	11	12	13	14	15
		监控点描述															
设备位号																	
通道号																	
DI 类型		节点输入															
	电压输入																	
		其他															
DO 类型		节点输入															
	电压输入																	
		其他															
模拟量输入点 AI 要求	信号类型	温度															
		湿度															
		压力															
		流量															
		其他															
	供电电源																	
		其他															
模拟量输入点 AO 要求	信号类型																	
		其他															
	供电电源																	
		其他															
DDC 供电电源引自																	
管线要求		导线规格															
		型号															
		管线编号															
		穿管直径															

表 5.3　DDC配置一览表

设备	数量（开关状态）	DI（数字量输入）									AI（模拟量输入点）															DO（数字量输出点）					AO（模拟量输出点）			点数小计
		故障报警	超温/压报警	过滤网压差	防冻开关信号	风流开关	水流开关	蝶阀状态	送风状态	水/油位高低	照度	送风温度	回风温湿度	DI/室内pH CO_2、CO_2监测	室内温湿度	室外温湿度	水/油温度	流量	压力	电流	电压	电度	功率因数	有功功率	频率	风机起动	蝶阀开关	新风阀控制	回风阀控制	开关控制	冷热水阀控制	调节蝶阀控制	热水加热控制	
1. 冷热源设备监控子系统																																		
1 冷水机组																																		
2 冷冻水泵																																		
3 冷却水泵																																		
4 冷却塔																																		
5 膨胀水箱																																		
6 冷冻水压差旁通																																		
7 冷冻水总供水管																																		
8 冷冻水总回水管																																		
9 冷却水总供水管																																		
10 冷却水总回水管																																		
小计																																		
合计																																		

续表

设备	数量	DI(数字量输入)									AI(模拟量输入点)														DO(数字量输出点)					AO(模拟量输出点)			小计点数
		开关状态	故障报警	超温/压报警	过滤网压差	防冻开关信号	水流开关	蝶阀状态	送风状态	水/油位高低	照度	送风温度	回风温、湿度	室内PH/CO₂监测	室外温湿度	水/油温度	流量	压力	电流	电压	电度	功率因数	有功功率	频率	风机起动	蝶阀开关	新风阀控制	回风阀控制	开关控制	冷热水阀控制	调节蝶阀控制	热水加热控制	
2. 新风空调设备监控系统																																	
1 离心通风机(-F3)																																	
2 立柜式空调器(-F3)																																	
3 轴流通风机(-F2)																																	
4 立柜式空调器(-F2)																																	
5 离心通风机(-F1)																																	
6 立柜式空调器(-F1)																																	
7 新风处理机(-F1)																																	
8 停车场环境(-F1)																																	
9 风机盘管总控(-F1)																																	
小计																																	
合计																																	
点数合计																																	

5.4.3　BA 系统主要设备统计

BA 系统设备清单见表 5.4。

表 5.4　楼宇自控系统设备清单

序　号	名　　称	数　量	单　位
一、楼宇自控管理中心			
1	EBI 文档及软件光盘	1	套
2	EBI 管理软件 3 500 点	1	套
3	EBI 服务器(含操作系统)	1	台
4	工作站(含 XP 操作系统)	1	台
5	集成客户端软件	1	套
6	宽行打印机	1	台
7	变配电监控子系统接口	1	套
8	气体系统接口	1	套
9	计算机网络交换机 8 口	3	台
二、DDC 控制器及 I/O 模块			
10	XL8000 CPU 模块	14	只
11	XL8000 扩展模块	63	只
12	XL8000 DDC 模块	95	只
三、现场设备			
13	风管温湿度传感器	52	只
14	风管温度传感器	63	只
15	浸入式温度传感器	9	只
16	压差开关	53	只
17	液位开关,饮用水,5M	168	只
18	水压力传感器	32	只
19	水流开关	4	只
20	插入式电磁流量计	2	只
四、阀门及执行器			
22	调节风阀执行器	98	只
23	开关风阀执行器	42	只
24	气体差压传感器	28	只
25	水流开关	12	只
26	照度传感器(4~20 mA)	1	只

续表

序　号	名　称	数　量	单　位
27	开关式蝶阀,DN200	3	台
28	开关式蝶阀,DN250	5	台
29	开关式蝶阀,DN300	2	台
30	电动调节蝶阀,DN200	2	台
31	二通阀带执行器,DN32	23	台
32	二通阀带执行器,DN65	94	台
33	二通阀带执行器,DN80	2	台
五、线材及其他			
37	DDC 箱体	3	台
38	DDC 箱体	9	台
40	DDC 箱体	3	台
41	DDC 箱体	6	台
42	DDC 箱体	5	台
43	DDC 箱体	40	台
43	电缆(模拟量)	40 000	米
43	电缆(数字量)	100 000	米
43	通信电缆(C-Bus)	4 000	米
43	其他附材	1	套

5.4.4　设计思路

本项目主要是对医院的冷冻站系统、热交换系统、空调机组系统、新风机组系统、送排风系统、给排水系统、变配电系统、照明系统、电梯系统的监视和控制,并同时记录、保存及管理有关系统的重要信息及数据。

这里选择 Honeywell 的 EBI 系统,满足用户以下要求:

系统必须遵循国际标准,具有多项协议的支持能力;系统必须采用先进、成熟的网络技术,具有极高的安全性、足够的吞吐量、快速的相应时间,具有数据的安全性行保密性;系统工作站能实时动态监控设备状态、实时显示各种参数、显示和管理故障报警、远程操作被控设备,工作站软件向 BMS 系统开放接口和数据库,实现 BMS 对其集成。现场控制器能执行预先编制好的控制程序。实现现场数据的采集和对受控设备的控制。

具体功能设计如下:

1)监视功能

①通过交换式菜单可方便地修改工艺参数。

②系统软件能自动对每个用户产生一个登录/关闭时间、系统运行记录报告。用户自定义

自动关闭时间。

2)报警功能

当系统出现故障或现场的设备出现故障及监控的参数越限时,系统均产生报警信号,报警信号可为声光报警,操作员必须进行确认后,报警信号才能解除。所有报警多将记录到报警汇总表中,供操作人员查看。报警共分多个优先级别。

报警可设置实时报警打印,也可按时或随时打印。系统以 Windows 为操作平台,采用工业标准的应用软件,全中文化的图形化操作界面监视整个 BA 系统的运行状态,提供现场图片、工艺流程图(如空调控制系统图)、实时曲线图(如温度曲线图,可几根同时显示,时间可任意推移)、监控点表、绘制平面布置图,以形象直观的动态图形方式显示设备的运行情况,提供多种途径查看设备状态。

3)控制功能

系统能在中央控制器通过对图形的操作实现对现场设备的控制,选择运行方式。

4)综合管理功能

系统应能建立历史文件数据库:采用数据库软件包和服务器硬盘作为大容量存储器建立 EBI 的数据库,并形成棒状图、曲线图等显示或打印功能。

系统提供一系列汇总报告,作为系统运行状态监视、管理水平评估、运行参数进一步优化及作为设备管理自动化的依据,为节约能源、设备管理和维护提供依据。

系统可提供图表式的时间程序计划,可按日历定计划,制订楼宇设备运行的时间表;可提供按星期、按区域及按月历及节假日的计划安排。

5)通信及优化运行功能

系统中央站采用 Windows 操作系统、以太网连接和 TCP/IP 通信协议,通过 ODBC,API 等接口方式与其他子系统及 BMS 服务器通信,传送综合管理、能源计量、报警等数据,并接收其他系统发出的联动及协调控制命令。

系统中央站与 DDC 间可直接通信,无需采用其他任何的转接设备,提高了整个系统的可靠性及运行的速度。

5.4.5　子系统监控设计

结合各子系统的监控功能,以冷热源系统、给排水系统和空调系统为例得出三个子系统监控点分布情况表,见表 5.5 至表 5.7

1)冷热源子系统监控点(见表 5.5)。

表 5.5　冷热源子系统监控点表

监控设备与项目	数量	输入输出				现场设备
		DI	AI	DO	AO	名　称
冷热源	3					
冷水机组	3					
冷水机组启停				3		
冷水机组运行状态		3				

续表

监控设备与项目	数量	输入		输出		现场设备
冷水机组故障报警		3				
冷水机组远程本地状态		3				电动蝶阀 DN250
冷机冷冻水进水蝶阀		6		6		电动蝶阀 DN200
冷机冷却水进水蝶阀		6		6		电动蝶阀 DN150
小计		21	0	15	0	36
冷冻泵	3					
手/自动状态		3				
运行状态		3				
故障报警		3				
启停控制				3		
水流状态		3				水流开关
冷却泵	3					
手/自动状态		3				
运行状态		3				
故障报警		3				
启停控制				3		
水流状态		3				水流开关
小计		24	0	6	0	30
冷却塔风机	10					
手/自动状态		10				
运行状态		10				
故障报警		10				
启停控制				10		
小计		30	0	10	0	40
冷却塔进水蝶阀	3					电动蝶阀 DN300
蝶阀开闭		6		6		电动蝶阀 DN250
小计		6	0	6	0	12
空调热水换热器	2					两通蒸汽调节阀 DN100
一次侧蒸汽阀调节				2		两通蒸汽调节阀 DN150
二次侧出水温度监测		2				水管温度传感器
空调热水循环泵	3					

监控设备与项目	数量	输入输出				现场设备
热水循环泵启停				3		
热水循环泵运行状态		3				
热水循环泵故障报警		3				
热水循环泵远程本地状态		3				
高区采暖热水换热器	1					
一次侧蒸汽阀调节				1		两通蒸汽调节阀 DN65
二次侧出水温度监测			1			水管温度传感器
高区采暖热水循环泵(一用一备)	2					
热水循环泵启停				2		
热水循环泵运行状态		2				
热水循环泵故障报警		2				
热水循环泵远程本地状态		2				
低区采暖热水换热器	1					
一次侧蒸汽阀调节				1		两通蒸汽调节阀 DN65
二次侧出水温度监测			1			水管温度传感器
低区采暖热水循环泵(一用一备)	2					
热水循环泵启停				2		
热水循环泵运行状态		2				
热水循环泵故障报警		2				
热水循环泵远程本地状态		2				
小计		21	4	7	4	36
水路监测	1					
冷冻水供回水总管温度			2			水管温度传感器
冷却水供回水总管温度			2			水管温度传感器
冷冻水供回水压力			2			水管压力传感器
冷冻水供回水总管流量			1			电磁流量计
分集水器旁通平衡调节					1	电动两通平衡阀 DN200
小计		0	7	0	1	8
软化水水箱	1					
水箱高低液位		2				浮球液位开关
空调、采暖补水水泵	4					

续表

监控设备与项目	数量	输入输出				现场设备
热水循环泵启停				4		
热水循环泵运行状态	4					
热水循环泵故障报警	4					
热水循环泵远程本地状态	4					
小计		14	0	4	0	18

2）给排水子系统监控点（见表5.6）

表5.6　冷热源子系统监控点表

监控设备与项目		数量	输入输出				现场设备
			DI	AI	DO	AO	名称
生活给水							
	中区、高区变频泵组	2					
	运行状态		2				
	故障报警		2				
	供水管网压力			2			水管压力传感器
	生活水池	2					
	水位报警		4				
小计			8	2	0	0	
生活热水							
	低区、中区、高区变频泵组	3					
	运行状态		3				
	故障报警		3				
	热水供水温度			3			水管温度传感器
	供水管网压力			3			水管压力传感器
	生活水池	2					
	高低液位报警		4				浮球液位开关
小计			10	6	0	0	
地下二层							
	污水井	1					
	溢流液位报警		1				浮球液位开关

	监控设备与项目	数量	输入输出				现场设备
			DI	AI	DO	AO	名称
	污水泵	2					
	污水泵运行状态		2				
	污水泵故障报警		2				
	污水泵本地、远程受控状态		2				
	污水泵启停控制				2		
小计			7	0	2	0	9
	污水井	1					
	溢流液位报警		1				浮球液位开关
	污水泵	2					
	污水泵运行状态		2				
	污水泵故障报警		2				
	污水泵本地、远程受控状态		2				
	污水泵启停控制				2		
小计			7	0	2	0	9
	污水井	1					
	溢流液位报警		1				浮球液位开关
	污水泵	2					
	污水泵运行状态		2				
	污水泵故障报警		2				
	污水泵本地、远程受控状态		2				
	污水泵启停控制				2		
小计			7	0	2	0	9
	污水井	1					
	溢流液位报警		1				浮球液位开关

续表

| 监控设备与项目 | 数 量 | 输入输出 | | | | 现场设备 |
		DI	AI	DO	AO	名称
污水泵	2					
污水泵运行状态		2				
污水泵故障报警		2				
污水泵本地、远程受控状态		2				
污水泵启停控制				2		
小计		7	0	2	0	9

3）空调、通风子系统监控点（见表5.7）

表5.7　空调、通风子系统监控点表

		DI	AI	DO	AO	
新风机组 XF-B1-4,5	2					
新风阀开关				2		开关型风门执行器
滤网压差开关		2				空气压差开关
防冻开关		2				防冻开关
送风温湿度			4			风管温湿度传感器
电动水阀调节					2	两通调节阀 DN50
加湿控制				2		两通调节阀 DN40
风机运行状态		2				
风机故障报警		2				
风机手/自动状态		2				
风机启/停控制				2		
补风机 BF-1-1	1					
手/自动状态		1				
运行状态		1				
故障报警		1				
启停控制				1		
小计		13	4	7	2	26
空调机组 KT-B1-1	1					
新回风风门调节					2	调节型风门执行器
滤网压差开关		1				空气压差开关
防冻开关		1				防冻开关
送风温湿度			2			风管温湿度传感器

回风温湿度			2		风管温湿度传感器
电动水阀调节				1	两通调节阀 DN80
加湿器控制			1		
空调送风机运行状态		1			
空调送风机故障报警		1			
空调送风机手/自动状态		1			
空调送风机启/停控制			1		
排风机 PF-B1-7～9	3				
风机手/自动状态		3			
风机运行状态		3			
风机故障报警		3			
风机启停控制			3		
小计		14	4	5	3	26

实践学习

题目:BAS 系统的实施实训

1)实训目的

①熟悉 BAS 系统实施的程序；

②具有 BAS 系统设计、施工的能力。

2)实训内容与设备

(1)实训内容

①针对学校的一栋教学楼设计 BAS 系统；

②研究系统设备的安装方法和位置；

③有针对性地进行施工技术训练。

(2)实训设备

线槽、铁锯、电焊机、电钻、金属胀管、扳手、万用表等。

3)实训步骤

①编写实训计划；

②熟练使用实训用具；

③熟悉建筑物内部机电设备分布情况、设计 BAS 系统；

④对 BAS 系统中的一个子系统进行施工操作训练。

4）实训报告

①实训工程过程报告；

②实训总结及体会。

实训考核

考核项目	考核标准	分　值	得　分
实施过程	按照要求进行任务的实施过程	40	
实施结果	实施结果符合系统要求和进度安排	20	
态度	纪律性强，无缺课、迟到、早退现象	20	
创新性	设计具有独创性，设计巧妙，有新意	10	
团队合作精神	有团队合作精神、有沟通能力	10	
合　计		100	

知识小结

本项目主要内容是 BAS 系统公式的实施，从了解 BAS 系统工程设计入手，对智能建筑的设计阶段和内容、施工程序和技术规范以及智能化工程调试与验收过程进行介绍，主要应掌握的内容包括：

①BAS 系统设计的三个阶段，即方案设计阶段、初步设计阶段和施工设计阶段。

②BAS 系统施工的模式、准备阶段的工作及相关技术要领；

③BAS 系统工程的设备配置及选型；

④BAS 系统调试的主要内容；

⑤BAS 系统验收的环节和内容。

思考题

1. 楼宇设备自动化系统设计分几个阶段，每个阶段的任务是什么？

2. 楼宇设备自动化系统的现场设备有哪些？系统中常用的传感器有哪些类型？

3. 描述空调系统调试的过程和内容。

4. BAS 系统的验收过程和内容有哪些？

参考文献

［1］杨少春.楼宇智能化工程技术［M］.北京:电子工业出版社,2013.

［2］陈虹.楼宇自动化技术与应用［M］.北京:机械工业出版社,2010.

［3］林火养.智能小区安全防范系统［M］.北京:机械工业出版社,2012.

［4］许锦标,张振昭.楼宇智能化技术［M］.3版.北京:机械工业出版社,2010.

［5］黎连业,朱卫东,李皓.智能楼宇控制系统的设计与实施技术［M］.北京:清华大学出版社,2008.

［6］陈志新,张少军.楼宇自动化技术［M］.北京:中国电力出版社,2009.

［7］孙景芝,张铁东.楼宇智能化技术［M］.武汉:武汉理工大学出版社,2009.

［8］李霞.建筑智能化系统应用及维护［M］.北京:机械工业出版社,2006.

［9］住房和城乡建设部科技委智能建筑技术开发推广中心,中国建筑业协会智能建筑专业委员会.智能建筑工程案例精选［M］.北京:中国建筑工业出版社,2009.

［10］陈伟利.楼宇智能化技术与应用［M］.北京:化学工业出版社,2010.